매스매티카를 활용한
수학·물리 놀이하기 1

박준현 지음

Play math and physics　　with mathematica

지오북스

박준현

성균관대 물리학과 학사 졸업, 수학과 복수전공(2006.2.)
충북대학교 수학교육과 학사졸업(2011.2.)
성균관대 졸업학점: 4.45/4.5
(2006년 봄,가을 물리학과, 수학과 졸업생 중 1등)
제4차 KBS이공계 육성 장학생(2006.2.)- 2006.2. 졸업당시 성균관대 자연과학캠퍼스 이공계 학사/석사/박사 재학생 중 가장 우수한 학생(미래성, 학점)으로 선발됨.
제27회 전국대학생수학경시대회 장려상(2008)
제28회 전국대학생수학경시대회 장려상(2009)
제29회 전국대학생수학경시대회 금상(2010)
경상남도교육청 과학영재교육원 강사 재직중(2021.3.~현재)

Play math and physics with mathematica
매스매티카를 활용한
수학 물리 놀이하기 1

발 행	2024년 6월 30일
저 자	박준현
펴낸곳	지오북스
등 록	2016년 3월 7일 제395-2016-000014호
전 화	02)381-0706 / 팩스　02)371-0706
이메일	emotion-books@naver.com
홈페이지	www.geobooks.co.kr
ISBN	979-11-91346-93-0
정 가	22,000 원

이 책은 저작권법으로 보호받는 저작물입니다.
이 책의 내용을 전부 또는 일부를 무단으로 전재하거나 복제할 수 없습니다.
파본이나 잘못된 책은 바꿔드립니다.

머릿말

코로나-19로 인해 비대면 원격수업의 요청이 생기고 비슷한 시기에 창의적인 수학·정보역량을 갖춘 인재를 육성하고자 하는 필요가 생기면서 많은 수학 교사들이 접하는 수학의 작도 및 코딩툴을 익혔습니다. 하지만 통상 학교 현장에서 통상 사용되는 애플리케이션은 제가 학부 시절 익힌 여러 가지 물리나 사회현상을 설명하는 비선형 미분방정식의 해를 자유롭게 해결하기에는 충분하지 않았습니다. 이 때 제게 매스매티카는 나의 요구사항을 잘 들어줄 수 있을까 고민하였고 도전을 해보기로 마음을 먹었습니다. 제가 계산 기능을 갖추고 있는 매스매티카에 대해 처음 들어본 것은 대학교 학부 시절이므로 20년이 이제는 넘었습니다. 그리고 매스매티카(13.1버전)를 직접 접하고 책을 사서 탐독하면서 코드를 익힌 것은 이제 갓 1년이 조금 넘었습니다. 처음에는 이장훈 선생님이 편찬하신 두꺼운 메뉴얼을 펴놓고 무작정 순서대로 읽어나가면서 PC를 통해 매스매티카 코딩을 입력하며 느리지만 한 걸음씩 익혀나갔습니다. 궁금한 것이 생기면 다한테크 황지원 부장의 고마운 도움을 받기도 하였습니다. 매스매티카 실력자 분들의 다양한 작품이 수록된 Wolfram Demonstrations Project 를 처음 접하고 부족한 내 실력을 비교하면서 절망하기도 하였습니다. 하지만 이장훈 선생님의 책에 수록된 코드작품과 친절한 설명을 하나하나 분석하고 파헤쳐가며 코드를 단계적으로 익히고 마침내 간단한 여러 가지 코드를 짤 수 있게 되었습니다. 매스매티카의 문법이 한국의 중고등학교 수업 현장에서 자주 사용되는 여타 애플리케이션에 비해 어렵다는 것이 사실입니다. 하지만 매스매티카의 문법은 명료하기 때문에 일단 익히고 나면 정말 놀라울 정도로 다양한 함수를 애매함이 없이 깔끔하게 만드는 것이 가능하다는 것과 이상적분이나 무한급수의 합 및 무한곱에서 파이나 자연상수 등이 포함된 값을 명확히 출력하는 계산 기능을 고려하면 매스매티카는 충분히가 아니라 상당히 매력적인 툴입니다. 또한 매스매티카에서 내장하고 있는 여러 가지 특수함수를 보며 매스매티카는 대학이나 연구소에서만 사용하는 것이 아닌 학문 탐구를 즐기는 성향을 가진 고등학생과 중고등학교 교사들 또한 학습하고 연구할 때 사용하기에는 안성맞춤이라는 것을 느끼게 되었습니다. 매스매티카를 익히면서 처음에는 비선형 미분방정식으로 나타내어지는 물리 현상의 해에 대해 그래프를 그리고 시간에 따른 추이를 동영상으로 시연하는 것에 집중하였지만 차츰 랜덤 추출기능을 활용한 통계분석에서 시작하여 최근 인공지능 수학에서 주로 다루는 경사하강법을 이용한 최소다항식 문제에 이르기까지 다양한 주제에 관심을 가지게 되어 관련 수학적 내용을 담고 코드를 참조하거나 본인이 직접 코드를 작성하여 이 책을 펴냈습니다. 이 책은 크게는 점화식풀기, 방정식풀기, 미분방정식풀기, 다양한 물리수학코드, 다양한 함수기능 소개로 이뤄져 있습니다. 1권과 2권을 굳이 차례대로 읽을 필요없이 눈길이 가는 주제부터 읽고 모르는 함수기능이 있다면 함수기능 소개 부분을 병행하여 읽고 참조하면 되도록 책을 구성하였습니다. 그리고 이론을 소개하면서 그래픽을 추가하기도 했는데 일부는 알지오매스 툴로 제작하였습니다. 매스매티카 프로그램은 Wolfram미국 본사의 공식 한국 대리점인 ㈜다한테크를 통해 구매할 수 있습니다.

공자가 말하기를 〈아는 자는 좋아하는 자만 못하고 좋아하는 자는 즐기는 자만 못하다〉에 대해 들어보신 분이 많을 것입니다. 이 책을 통해 학구적 성향을 가진 독자들이 매스매티카 코딩으로 수학과 물리 놀이를 즐기면서 자신의 탐구역량을 키워나갈 수 있기 바랍니다. 책을 펴내는 것을 제안한 동생과 나를 믿어주고 정리하는 시간을 지원해 준 아내 및 책을 낼 수 있게 도와주신 출판사 사장님께 감사드립니다.

2024년 2월 저자

매스매티카를 활용한
수학 물리 놀이하기 1

목차

Ⅰ. 점화식

1. 점화식의 이론적 해법 ··11
   가. 선형동차 점화식
   나. 비동차 점화식
2. 매스매티카로 점화식 풀기 ··13
   가. 점화식 정의하기, 점화식 테이블로 나타내기
      (1) 점화식을 정의하고 해를 테이블(리스트)로 나타내기
      (2) 점화식의 해를 표를 통해 나타내기
   나. 점화식 풀기(독립변수1, 종속변수1)
      (1) 점화식의 특성방정식이 하나의 근을 가질 때
      (2) 선형동차 점화식의 특성방정식이 서로 다른 두 실근을 가질 때
      (3) 선형동차 점화식의 특성방정식이 중근을 가질 때
      (4) 선형비동차 점화식의 특성방정식이 서로 다른 두 근을 가질 때
   다. 종속변수가 둘 이상인 연립 선형동차 점화식 풀기
      (1) 연립 선형동차 점화식의 풀이방법
      (2) 매스매티카로 문제 풀기
         (가) 연립 점화식의 해를 구하고 표로 나타내기
         (나) 연립 점화식의 해를 연속적인 그래프로 나타내기
         (다) 연립 점화식의 해의 순서쌍들을 점으로 추이 표현하기
   라. 피보나치수열과 유사 피보나치수열의 분석
      (1) 피보나치수열
      (2) 루카스수열

Ⅱ. 방정식

1. 매스매티카로 방정식 풀기 ··27
   가. 간단한 방정식 풀기
   나. 변수가 두 개인 연립방정식 풀기
   다. 부정방정식
      (1) 부정방정식의 해를 있는대로 나타내기
      (2) 한 문자를 다른 문자에 대한 식으로 표현하기
   라. 방정식의 근사해 찾아내기
2. 초월함수 방정식의 근사해 찾아내기 ··32

가. 뉴턴의 방법을 활용한 근사해 찾기
　　나. 근사해의 정확도 판별하기
　3. 두 쌍의 점을 지나는 직선의 교점 구하기 ···34
　4. 포락선 구하기 ···35
　　가. 포물선 종이접기1(포락선)
　　　(1) 이론적 분석
　　　(2) 코딩 통해 포락선 계산하기
　　나. 쌍곡선 스트링 아트(포락선)
　　　(1) 이론적 분석
　　　(2) 코딩 통해 포락선 계산하기
　　다. 타원 종이접기(포락선)
　　　(1) 이론적 분석
　　　(2) 코딩 통해 포락선 계산하기
　　라. 포물선 종이접기2(포락선)
　　　(1) 이론적 분석
　　　(2) 코딩 통해 포락선 계산하기
　　마. 길이가 1인 사다리의 미끄러짐(포락선)
　　　(1) 이론적 분석
　　　(2) 코딩 통해 포락선 계산하기

Ⅲ. 매스매티카로 다양한 프로그램 만들기
1. 직선 위의 두 물체의 충돌 동영상 ···45
2. 타원당구장 ···48
　가. 타원당구장 코딩에 필요한 수학
　나. 타원당구장의 코드
　　(1) 코드 파헤치기1(Sol)
　　(2) 코드 파헤치기2(Ellips함수)
　　(3) 코드 파헤치기3(Ellipsn함수)
　　(4) 포락선의 관찰과 증명
　　　(가) 입사광선이 두 초점의 바깥쪽에서 출발하는 경우
　　　(나) 입사광선이 두 초점 사이에서 출발하는 경우
3. 코흐 프랙탈 ··57
4. 이진트리 프랙탈 ··60
5. 시에르핀스키 삼각형 ··62

6. 카오스 게임 ·· 64
7. 수학적 확률과 통계적 확률 ·· 68
    가. 순열을 활용한 줄 세우기의 확률
    나. 중복순열을 활용한 윷 던지기의 확률
    다. 교란의 확률로부터 자연상수 예측하기
        (1) 교란에 대한 수학적 확률과 자연상수
        (2) 교란의 통계적 확률과 자연상수 추정
        (3) 교란의 통계적 확률과 자연상수의 근삿값 표로 나타내기
    라. 몬테카를로 방법을 활용한 도형의 넓이
8. 최소제곱법 ·· 76
    가. 최소제곱법의 이론
    나. 최소제곱법을 활용한 최적해
        (1) 네 점을 지나는 최적인 직선
        (2) 네 점을 지나는 최적인 포물선
    다. Fit함수를 활용한 최적해
    라. FindFit함수를 활용한 최적해
9. 보간다항식 ·· 82
    가. 라그랑지 보간다항식
    나. 뉴턴 보간다항식
        (1) 차분상의 성질
            (가) $f(x)$의 1차분상 $f[x_0, x_1]$
            (나) $f(x)$의 2차분상 $f[x_0, x_1, x_2]$
            (다) $f(x)$의 n차분상 $f[x_0, x_1, \cdots, x_n]$
        (2) 보간다항식의 오차
        (3) 재귀함수 코딩을 활용한 보간다항식 찾기
        (4) Interpolation 함수를 활용한 보간다항식 함수 그리기
            (가) 세 점에 대한 이차함수 보간
            (나) 여러 점에 대한 보간
            (다) 소수(prime)에 대한 데이터를 보간
10. 룬지–쿠타 방법 ·· 92
    가. 룬지–쿠타 방법의 이론
        (1) 1차 룬지–쿠타 방법
        (2) 2차 룬지–쿠타 방법
            (가) 2차 룬지–쿠타 방법

           (나) 2차 룬지—쿠타 방법의 유도
        (3) 3차 룬지—쿠타 방법
           (가) 3차 룬지—쿠타 방법
           (나) 매스매티카를 이용한 매개변수 구하기
           (다) 3차 룬지—쿠타 방법의 유도
        (4) 4차 룬지—쿠타 방법
           (가) 4차 룬지—쿠타 방법
           (나) 매스매티카를 이용한 매개변수 구하기
     나. 룬지—쿠타 방법을 활용한 근삿값 계산
11. 푸리에 급수 ··· 103
   가. 함수의 주기에 따른 푸리에 급수
      (1) 주기가 $2L$인 함수
      (2) 주기가 2π인 함수
   나. 푸리에 급수에서 자주 등장하는 특수함수
      (1) 박스함수
      (2) 계단함수
      (3) 삼각형함수
      (4) 부호함수
      (5) 주기함수1
      (6) 주기함수2
   다. 매스매티카로 푸리에 급수 표현하기
      (1) 주기가 $2L$인 우함수
      (2) 주기가 L인 함수
      (3) 주기가 2π인 기함수
12. 푸리에 변환 ··· 113
   가. 푸리에 변환의 이론
   나. 푸리에 변환 테이블
   다. 함수의 푸리에 변환 찾기
   라. 디랙델타함수의 예시와 코딩
13. 감마함수 ··· 120
   가. 감마함수의 이론
   나. 감마함수의 값 계산하기
   다. 감마함수의 그래프
14. 경사하강법 ·· 124

가. 미분가능한 함수의 최솟값 찾기
  (1) 알고리즘
  (2) 함수의 최솟값을 리스트로 나타내기
  (3) 함수의 최솟값을 표와 화살표를 사용하여 나타내기
나. 최소제곱 직선 찾기
  (1) 알고리즘
  (2) 최소제곱 직선을 리스트로 나타내기
  (3) 최소제곱 직선을 표와 화살표를 사용하여 나타내고 찾기

Ⅳ. 매스매티카의 여러 함수 기능 익히기
1. 좌표계 변환 ·· 133
  가. 스칼라 변환
  나. 방정식 변환
  다. 벡터 변환
2. 레벨 집합 ·· 138
3. 부등식의 영역 ·· 141
  가. 부등식의 영역 그리기
  나. 부등식을 만족하는 양함수 그래프 그리기
  다. 부등식을 만족하는 레벨 집합 그리기
4. 반복문 ··· 146
  가. Do
  나. For
  다. While
  라. Until
5. 점들을 이어서 다각선 혹은 화살표로 나타내기 ··· 152
  가. 리스트의 점들을 다각선으로 잇기
    (1) 리스트별로 구분하여 다각선으로 잇기
    (2) 리스트의 구분을 해제하고 다각선으로 잇기
  나. 리스트의 점들을 화살표로 잇기
    (1) 리스트별로 구분하여 화살표로 잇기
    (2) 리스트의 구분을 해제하고 화살표로 잇기
6. 텍스트(Text)의 표현 ·· 155
7. 함수와 변수의 축약 표현 ··· 157
  가. 함수의 표현

    나. 반복 합성함수의 계산
8. 함수의 매핑(mapping) ··161
    가. 다중 리스트에 대한 매핑
    나. 축약표현 #,& 를 활용한 매핑
    다. 다중 도형의 매핑
    라. 매핑을 활용한 도형 그리기
9. 무작위 생성과 무작위 선택 ···166
    가. 무작위 수 생성
    나. 무작위 수 선택
    다. 오름차순 및 내림차순 배열
    라. 순열과 조합
    마. 중복순열
10. 조건 부여하기 ···173
    가. 조건 함수 정의하기
    나. 조건 원소 세기

참고 (미분 및 적분공식) ··176
참고문헌 ··178

Ⅰ. 점화식

1. 점화식의 이론적 해법

점화식 $a_{n+k} = c_{n+k-1}a_{n+k-1} + c_{n+k-2}a_{n+k-2} + \cdots + c_n a_n + f(n)$ $(a_n \neq 0)$에서 $f(n) = 0$인 것은 선형동차 점화식, $f(n) \neq 0$인 것을 비동차 점화식 이라고 한다. 선형동차 점화식과 비동차 점화식의 해법은 박종안 외(2007)(이산수학,경문사)를 참고하였다.

가. 선형동차 점화식

점화식 $a_{n+k} = c_{n+k-1}a_{n+k-1} + c_{n+k-2}a_{n+k-2} + \cdots + c_n a_n$ 에서

$t^k - c_{n+(k-1)}t^{k-1} - c_{n+(k-2)}t^{k-2} - \cdots - c_{n+i}t^i - \cdots - c_{n+1}t - c_n$ 을 특성다항식이라고 한다.

예를 들어 점화식 $a_{n+2} = -2a_{n+1} + 6a_n$의 특성다항식은 $t^2 + 2t - 6$ 이다.

선형동차 점화관계가 $a_{n+k} = c_{n+k-1}a_{n+k-1} + c_{n+k-2}a_{n+k-2} + \cdots + c_n a_n$ (ㄱ)이 정의되어 있으며, 특성방정식이 $t^k - c_{n+(k-1)}t^{k-1} - c_{n+(k-2)}t^{k-2} - \cdots - c_{n+i}t^i - \cdots - c_{n+1}t - c_n = 0$ (ㄴ) 와 같을 때 일반해에 대한 아래의 성질은 항상 성립한다.

두 수열 $\{x_n, y_n\}$이 점화식(ㄱ)을 만족할 때, 두 수열의 일차결합 $\{px_n + qy_n\}$도 점화식을 만족한다.

방정식(ㄴ)의 한 근을 r이라고 하면 수열 $\{r^n\}$은 점화식(ㄱ)을 만족한다. 특성다항식의 근이 서로 다른 근 $r_1, r_2, \cdots, r_k$를 가질 때, 점화식(ㄱ)의 일반해는 $\{p_1 r_1^n + p_2 r_2^n + \cdots + p_k r_k^n\}$으로 정해진다.

특성다항식의 한 근 r이 이중근을 가진다면 $\{r^n\}, \{nr^n\}$이 점화식 (ㄱ)를 만족한다. 특성다항식의 한 근 r이 중복도가 m인 다중근이라면 $\{(q_0 + q_1 n + q_2 n^2 + \cdots + q_{m-1} n^{m-1})r^n\}$ 또한 점화식 (ㄱ)를 만족한다.

예를 들어 $k = 3$에 대해 살펴보자.

점화식 $a_{n+3} = c_{n+2}a_{n+2} + c_{n+1}a_{n+1} + c_n a_n$ 에 대하여

특성다항식 $f(t) = t^3 - c_{n+2}t^2 - c_{n+1}t - c_n$ 이고 $f(t) = 0$이 $t = r$에서 중근을 가진다고 하자.

그러면 $f(r) = f'(r) = 0$ 이다.

따라서 $\begin{cases} r^3 - c_{n+2}r^2 - c_{n+1}r - c_n = 0 \\ 3r^2 - 2c_{n+2}r - c_{n+1} = 0 \end{cases}$ 이다.

$$(n+3)r^{n+3} - c_{n+2}(n+2)r^{n+2} - c_{n+1}(n+1)r^{n+1} - c_n nr^n$$
$$= r^n\{(n+3)r^3 - c_{n+2}(n+2)r^2 - c_{n+1}(n+1)r - c_n n\}$$
$$= r^n\{n(r^3 - c_{n+2}r^2 - c_{n+1}r - c_n) + r(3r^2 - 2c_{n+2}r - c_{n+1})\}$$
$$= r^n\{nf(r) + rf'(r)\} = 0$$

즉 특성다항식이 $t = r$에서 중근을 가진다면 $\{r^n\}, \{nr^n\}$이 모두 점화식의 일차독립인 해가 된다.

나. 비동차 점화식

점화식 $a_{n+k} = c_{n+k-1}a_{n+k-1} + c_{n+k-2}a_{n+k-2} + \cdots + c_n a_n + f(n)$ --(ㄷ) 에서
$f(n) = 0$일 때의 일반해를 $\{x_n\}$이라 하고 (ㄷ)를 만족하는 특수해를 $\{q_n\}$이라고 하자. 그러면 점화식 (ㄷ)의 해는 $\{x_n + q_n\}$이며 여러 가지 형태의 $f(n)$에 대한 a_n의 특수해 q_n는 아래와 같다.

$f(n)$	q_n
상수 (단, (ㄴ)의 한 근이 1이 아닐 때)	B
일차식 (단, (ㄴ)의 한 근이 1이 아닐 때)	$Bn + C$
이차식 (단, (ㄴ)의 한 근이 1이 아닐 때)	$Bn^2 + Cn + D$
cd^n (단, (ㄴ)의 한 근이 d가 아닐 때)	Bd^n
cd^n (단, (ㄴ)의 중근이 d일 때)	Bnd^n

2. 매스매티카로 점화식 풀기

가. 점화식 정의하기, 점화식 테이블로 나타내기

(1) 점화식을 정의하고 해를 테이블(리스트)로 나타내기

수열 $\{a_n\}$ 에 대하여 $a_n = n$, $s_n = \sum_{k=1}^{n} a_k$, $s_1 = a_1$ 을 만족할 때,

$\{i, a_i, s_i\}$ 를 테이블(리스트)로 나타내고자 한다.

코드는 아래와 같다.

```
a[n_]:=n;
s[1]=a[1];
s[n_]:=s[n-1]+a[n];
list=Table[{i,a[i],s[i]},{i,1,20}]
```
≫≫≫
{{1,1,1},{2,2,3},{3,3,6},{4,4,10},{5,5,15},{6,6,21},{7,7,28},{8,8,36},{9,9,45},{10,10,55},{11,11,66},{12,12,78},{13,13,91},{14,14,105},{15,15,120},{16,16,136},{17,17,153},{18,18,171},{19,19,190},{20,20,210}}

(2) 점화식의 해를 표를 통해 나타내기

수열 $\{a_n\}$ 에 대하여 $a_n = n$, $s_n = \sum_{k=1}^{n} a_k$, $s_1 = a_1$ 을 만족할 때,

$\{i, a_i, s_i\}$ 를 표를 통해 나타내고자 한다.

아래의 코드는 이장훈(2012)(Mathematica GuideBook,교우사)를 참조하였다.

```
a[n_]:=n;
s[1]=a[1];
s[n_]:=s[n-1]+a[n];
list=Table[{i,a[i],s[i]},{i,1,20}];
TableForm[list, TableHeadings->{{table},{ "n","a[n]","s[n]"}}]
```
≫≫≫

n	a[n]	s[n]
1	1	1
2	2	3
3	3	6
4	4	10
5	5	15
6	6	21
7	7	28
8	8	36
9	9	45
10	10	55
11	11	66
12	12	78
13	13	91
14	14	105
15	15	120
16	16	136
17	17	153
18	18	171
19	19	190
20	20	210

{table} 이라고 표기시 / {table}을 None 이라고 표기시

나. 점화식 풀기(독립변수1, 종속변수1)

점화식을 풀고자 할때는 RSolve[{점화식,초기조건},{종속변수},독립변수]를 입력한다. 초기조건을 입력하지 않으면 일반해를 구한다.

(1) 점화식의 특성방정식이 하나의 근을 가질 때

점화식의 특성방정식이 하나의 근을 가지는 간단한 경우를 살펴보자.

(예시) 수열 $\{a_n\}$ 의 점화식과 초기조건이 $a_{n+1} = 2a_n + 1$ ($a_1 = 2$)일 때의 해를 구하고자 한다. 점화식에 대한 특성방정식이 $t - 2 = 0$ 이고 비동차 점화식의 우변이 상수이므로 점화식에 대한 해는 $a_n = c_1 2^n + c_2$ 이다.

초기조건과 해를 점화식에 대입하면

점화식

$$c_1 = \frac{3}{2}, c_2 = -1 \text{ 이므로 } a_n = \frac{3}{2} \cdot 2^n - 1$$

(위 점화식은 비동차 점화식이지만 고등학교 교육과정의 범위에서 비교적 쉽게 풀리는 점화식이다.) 코드는 아래와 같다.

```
sol=RSolve[{a[n+1]==2*a[n]+1,a[1]==2},{a},n]
```

≫≫≫

$$\left\{\left\{a \to \text{Function}\left[\{n\}, \frac{1}{2}\left(-2 + 3 \cdot 2^n\right)\right]\right\}\right\}$$

위 점화식의 코딩을 더블브라켓을 이용하여 A[n]함수를 정의하고 아래와 같이 식으로 나타내면 편리하다. 만약 제 10항을 구하고 싶을 때는 바로 A[10]이라고 입력하면 제10항의 값이 바로 출력된다.

```
sol=RSolve[{a[n+1]==2*a[n]+1,a[1]==2},{a},n]
sol[[1]]
A[n_]:=a[n]/.sol[[1]];
A[n]
A[10]
```

≫≫≫

$$\left\{\left\{a \to \text{Function}\left[\{n\}, \frac{1}{2}\left(-2 + 3 \cdot 2^n\right)\right]\right\}\right\}$$

$$\left\{a \to \text{Function}\left[\{n\}, \frac{1}{2}\left(-2 + 3 \cdot 2^n\right)\right]\right\}$$

$$\frac{1}{2}\left(-2 + 3 \cdot 2^n\right)$$

1535

<보충설명>

여기서 더블브라켓을 이용하여 리스트 sol의 1번째 원소를 추출하여 이것을 a[n]에 대입하고 새로운 함수 A[n]으로 정의하였다.

더블브라켓은 리스트의 원소를 추출할 때 사용한다.

리스트[[i]] : 리스트의 i번째 원소를 추출

리스트[[i,j]] : 리스트 내 i번째 리스트의 j번째 원소를 추출

리스트[[i,j,k]] : 리스트 내 i번째 리스트 내 j번째 리스트의 k번째 원소를 추출

만약 점화식의 해를 표로 나타내어 각 항을 출력하고 싶을 때는 아래와 같이 코딩할 수 있다.
sol=RSolve[{a[n+1]==2*a[n]+1,a[1]==2},{a},n];
A[x_]:=a[x]/.sol[[1]];
list=Table[{i,A[i]},{i,1,10}];
TableForm[list,TableHeadings->{{table},{"i","A[i]"}}]

≫≫≫

table	i	A[i]
	1	2
	2	5
	3	11
	4	23
	5	47
	6	95
	7	191
	8	383
	9	767
	10	1535

그리고 수열 {A[n]}대해 항의 극한을 계산하고 싶을 때는
Limit[함수,x->x0]를 차용하여 아래와 같이 입력한다.

Limit[A[n],n->∞]

≫≫≫
　　∞

(2) 선형동차 점화식의 특성방정식이 서로 다른 두 실근을 가질 때

선형동차 점화식의 특성방정식이 서로 다른 두 실근을 가질 때는 아래와 같은 예시를 들 수 있다.

(예시) 수열 $\{a_n\}$의 점화식과 초기조건이 $a_{n+2} = -2a_{n+1} + 3a_n$ ($a_0 = 0$, $a_1 = 1$) 일 때의 해를 구하고자 한다. 점화식에 대한 특성방정식이 $t^2 + 2t - 3 = (t+3)(t-1) = 0$ 이므로 선형동차 점화식의 해는

$a_n = c_1(-3)^n + c_2(1)^n = c_1(-3)^n + c_2$ 이다.

초기조건을 점화식에 대입하면

$c_1 = -\dfrac{1}{4}$, $c_2 = \dfrac{1}{4}$ 이므로 $a_n = -\dfrac{1}{4}(-3)^n + \dfrac{1}{4}$

코드는 아래와 같다.

```
sol=RSolve[{a[n+2]==-2*a[n+1]+3*a[n],a[0]==0,a[1]==1},{a},n]
A[n_]:=a[n]/.sol[[1]];
A[n]
```

≫≫≫

$$\{\{a \to \text{Function}[\{n\}, \frac{1}{4}(1-(-3)^n)]\}\}$$

$$\frac{1}{4}(1-(-3)^n)$$

(3) 선형동차 점화식의 특성방정식이 중근을 가질 때

선형동차 점화식의 특성방정식이 중근을 가질 때는 아래와 같은 예시를 들 수 있다.

(예시) 수열 $\{a_n\}$의 점화식과 초기조건이 $a_{n+2} + 2a_{n+1} + a_n = 0$ ($a_0 = 0$, $a_1 = 1$) 일 때의 해를 구하고자 한다. 점화식에 대한 특성방정식이 $t^2 + 2t + 1 = (t+1)^2 = 0$ 이므로 선형동차 점화식의 해는 $a_n = (-1)^n(c_1 n + c_2)$ 이다.

초기조건을 점화식에 대입하면
$c_1 = -1$, $c_2 = 0$ 이므로 $a_n = -(-1)^n$

코드는 아래와 같다.

```
sol=RSolve[{a[n+2]+2*a[n+1]+a[n]==0,a[0]==0,a[1]==1},{a},n]
A[n_]:=a[n]/.sol[[1]];
A[n]
```

≫≫≫

$$\{\{a \to \text{Function}[\{n\}, -(-1)^n n]\}\}$$

$$-(-1)^n n$$

(4) 선형비동차 점화식의 특성방정식이 서로 다른 두 근을 가질 때

선형비동차 점화식의 특성방정식이 서로 다른 두 근을 가질 때는 아래와 같은 예시를 들 수 있다.

(예시1) 수열 $\{a_n\}$의 점화식과 초기조건이 $a_{n+2} + 5a_{n+1} + 6a_n = 1$ ($a_0 = 0$, $a_1 = 1$) 일 때

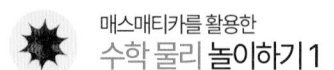

의 해를 구하고자 한다. 점화식에 대한 특성방정식이 $t^2+5t+6=(t+2)(t+3)=0$ 이고 비동차 점화식의 우변이 상수이므로 점화식에 대한 해는

$a_n = c_1(-2)^n + c_2(-3)^n + c_3$ 이다.

해를 점화식에 먼저 대입하면 $c_3 = \dfrac{1}{12}$ 이다.

(여기서 일반해 $a_n = c_1(-2)^n + c_2(-3)^n$ 부분은 생략하고 $a_n = c_3$만을 점화식에 대입하여 특수해를 찾는 것이 더 현명하다.)

이후 $a_n = c_1(-2)^n + c_2(-3)^n + \dfrac{1}{12}$ 를 초기조건에 입력하면

$c_1 = \dfrac{2}{3}$, $c_2 = -\dfrac{3}{4}$ 이므로 $a_n = \dfrac{2}{3}(-2)^n - \dfrac{3}{4}(-3)^n + \dfrac{1}{12}$

코드는 아래와 같다.

```
sol=RSolve[{a[n+2]+5*a[n+1]+6*a[n]==1,a[0]==0,a[1]==1},{a},n]
A[n_]:=a[n]/.sol[[1]];
A[n]
```

≫≫≫

$$\left\{\left\{a \to \text{Function}\left[\{n\}, \dfrac{1}{12}\left(1+(-1)^n 2^{3+n} - (-1)^n 3^{2+n}\right)\right]\right\}\right\}$$

$$\dfrac{1}{12}\left(1+(-1)^n 2^{3+n} - (-1)^n 3^{2+n}\right)$$

(예시2) 수열 $\{a_n\}$의 점화식과 초기조건이 $a_{n+2} + a_{n+1} - 2a_n = 1$ ($a_0 = 0$, $a_1 = 1$) 일 때의 해를 구하고자 한다. 점화식에 대한 특성방정식이 $t^2 + t - 2 = (t+2)(t-1) = 0$ 이고 비동차 점화식의 우변이 상수이므로 점화식에 대한 해는

$a_n = c_1(-2)^n + c_2(1)^n + c_3 n = c_1(-2)^n + c_2 + c_3 n$ 이다. 점화식의 우변에 상수가 있지만 특성방정식의 한 근이 $t=1$이므로 점화식의 특수해는 n에 대한 일차식인 $c_3 n$ 으로 놓을 수 있다.

해를 점화식에 먼저 대입하면 $c_3 = \dfrac{1}{3}$ 이다.

(여기서 일반해 $a_n = c_1(-2)^n + c_2$ 부분은 생략하고 $a_n = c_3 n$만을 점화식에 대입하여 특수해를 찾는 것이 더 현명하다.)

이후 $a_n = c_1(-2)^n + c_2 + \frac{1}{3}n$ 를 초기조건에 입력하면

$c_1 = -\frac{2}{9}, c_2 = \frac{2}{9}$ 이므로 $a_n = -\frac{2}{9}(-2)^n + \frac{2}{9} + \frac{1}{3}n$

코드는 아래와 같다.

```
sol=RSolve[{a[n+2]+a[n+1]-2*a[n]==1,a[0]==0,a[1]==1},{a},n]
A[n_]:=a[n]/.sol[[1]];
A[n]
```

≫≫≫

$$\left\{\left\{a \to \text{Function}\left[\{n\}, \frac{1}{9}\left(3 + (-2)^{1+n} - (-1)^{2n} + 3n\right)\right]\right\}\right\}$$

$$\frac{1}{9}\left(3 + (-2)^{1+n} - (-1)^{2n} + 3n\right)$$

다. 종속변수가 둘 이상인 연립 선형동차 점화식 풀기

(1) 연립 선형동차 점화식의 풀이방법

여기서는 $\begin{cases} a_{n+1} = pa_n + qb_n \\ b_{n+1} = ra_n + sb_n \\ a_0 = A_0, b_0 = B_0 \end{cases}$ 꼴의 연립 선형동차 점화식을 다루겠다.

수열 $\{a_n\}$, $\{b_n\}$이 연립점화식

$\begin{cases} a_{n+1} = 0.75a_n + 0.5b_n \ (a_0 = 1) \\ b_{n+1} = 0.25a_n + 0.5b_n \ (b_0 = 1) \end{cases}$ 을 만족할 때, 해를 구하고자 한다.

종속변수가 둘 이상인 연립 선형동차 점화식을 푸는 방법 과정은 일반적으로 다음과 같은데 여기서는 행렬표현에서 행렬의 고유값이 서로 다른 수 인 경우만을 설명하며 증명은 생략한다.

<단계1>	조건을 행렬의 곱 형태로 변형한다. $\begin{bmatrix} a_{n+1} \\ b_{n+1} \end{bmatrix} = \begin{pmatrix} p & q \\ r & s \end{pmatrix} \begin{bmatrix} a_n \\ b_n \end{bmatrix}$ ($a_0 = A_0, b_0 = B_0$)
<단계2>	행렬 $\begin{pmatrix} p & q \\ r & s \end{pmatrix}$ 의 서로 다른 고유값 λ_1, λ_2를 구한다.
<단계3>	$a_n = c_1(\lambda_1)^n + c_2(\lambda_2)^n$, $b_n = d_1(\lambda_1)^n + d_2(\lambda_2)^n$ 으로 놓는다.
<단계4>	초기조건 $a_0 = A_0, b_0 = B_0$ 에서 후속조건 $a_1 = A_1, b_1 = B_1$ 을 구한다.
<단계5>	<단계3>, <단계4>의 결과로부터 해를 구한다.

위의 방법에 의하면 점화식과 조건은 아래와 같이 표현할 수 있다.

$$\begin{bmatrix} a_{n+1} \\ b_{n+1} \end{bmatrix} = \begin{pmatrix} 0.75 & 0.5 \\ 0.25 & 0.5 \end{pmatrix} \begin{bmatrix} a_n \\ b_n \end{bmatrix} \ (a_0 = 1, b_0 = 1)$$

그리고 행렬 $\begin{pmatrix} 0.75 & 0.5 \\ 0.25 & 0.5 \end{pmatrix}$ 의 고유값은 $\lambda_1 = 1$, $\lambda_2 = \frac{1}{4}$ 이 된다.

따라서 $a_n = c_1 + c_2(\frac{1}{4})^n$, $b_n = d_1 + d_2(\frac{1}{4})^n$ 으로 쓸 수 있으며
초기조건 $a_0 = 1, b_0 = 1$ 에서 후속조건 $a_1 = 1.25, b_1 = 0.75$ 을 구할 수 있다.
초기조건과 후속조건을 대입하여 계산하면
$a_n = \frac{4}{3} - \frac{1}{3}(\frac{1}{4})^n$, $b_n = \frac{2}{3} + \frac{1}{3}(\frac{1}{4})^n$ 이다.

(2) 매스매티카로 문제 풀기

(가) 연립 점화식의 해를 구하고 표로 나타내기

연립점화식 $\begin{cases} a_{n+1} = 0.75a_n + 0.5b_n \ (a_0 = 1) \\ b_{n+1} = 0.25a_n + 0.5b_n \ (b_0 = 1) \end{cases}$ 의 해를 매스매티카를 통해 구해보자.

하나의 독립변수에 대해 둘 이상의 종속변수로 이뤄진 점화식 또한 RSolve를 이용하여 해결할 수 있다. 매스매티카에서 이 경우에는 RSolve[{점화식1,점화식2,초기조건},{종속변수1,종속변수2},독립변수]를 입력하여 코딩할 수 있다. 코드는 아래와 같다.

```
sol=RSolve[{a[n+1]==0.75*a[n]+0.5*b[n],b[n+1]==0.25*a[n]+0.5*b[n],a[0]==1,b[0]==1},{a,b},n];
A[n_]:=a[n]/.sol[[1]];
B[n_]:=b[n]/.sol[[1]];
A[n]
B[n]
```

≫ ≫ ≫

$1.33333 \ 4.^{-1.n} \left(-0.25 + 1. \ 4.^{1.n}\right)$

$0.333333 \ 4.^{-1.n} \left(1. + 1. \ 4.^{n} + 1. \ 4.^{1.n}\right)$

점화식의 해를 표로 나타내면 더 쉽게 수열을 관찰할 수 있는데 코드는 아래와 같다.

```
sol=RSolve[{a[n+1]==0.75*a[n]+0.5*b[n],b[n+1]==0.25*a[n]+0.5*b[n],a[0]==1,b[0]==1},{a,b},n];
A[x_]:=a[x]/.sol[[1]];
B[x_]:=b[x]/.sol[[1]];
list=Table[{i,A[i],B[i]},{i,1,10}];
TableForm[list,TableHeadings->{{table},{"i","A[i]", "B[i]"}}]
```

≫ ≫ ≫

i	A[i]	B[i]
1	1.25	0.75
2	1.3125	0.6875
3	1.32813	0.671875
4	1.33203	0.667969
5	1.33301	0.666992
6	1.33325	0.666748
7	1.33331	0.666687
8	1.33333	0.666672
9	1.33333	0.666668
10	1.33333	0.666667

표를 살펴보면 두 수열이 수렴하는 것을 관찰할 수 있다. 수열 A[n]과 수열 B[n]의 극한은 Limit함수를 사용해서 계산할 수 있다. 그래프로 표현하는 것 또한 가능하다.

Limit[A[n],n->∞]

≫≫≫

    1.33333

Limit[B[n],n->∞]

≫≫≫

    0.666667

(나) 연립 점화식의 해를 연속적인 그래프로 나타내기

수열 A[n]과 수열 B[n]을 그래프로 표현하는 것 또한 가능하다.

좌표평면에서 함수 $y = f(x)$ 그래프를 구간 $[a, b]$에서 그릴 때는 Plot함수와 ParametricPlot 함수를 사용하는 두 가지 방법이 있다.

① Plot[f[x],{x,a,b}]
② ParametricPlot[{t,f[t]},{t,a,b}]
  (ParametricPlot 는 점 (x, y)를 t에 대한 함수 $(x(t), y(t))$꼴로 나타낼 수 있을 때 사용할 수 있다.)

ParametricPlot 함수를 이용하여 점화식의 해를 그래프로 나타내보자.

```
sol=RSolve[{a[n+1]==0.75*a[n]+0.5*b[n],b[n+1]==0.25*a[n]+0.5*b[n],a[0]==1,b[0]==1},{a,b},n];
A[x_]:=a[x]/.sol[[1]];
B[x_]:=b[x]/.sol[[1]];
ParametricPlot[{{t,A[t]},{t,B[t]}},{t,1,4},PlotStyle->{Red,Blue},Prolog->{Text["y=A[x]",
```

{1.5,0.8}],Text["y=B[x]",{1.5,1.2}]}]

≫≫≫

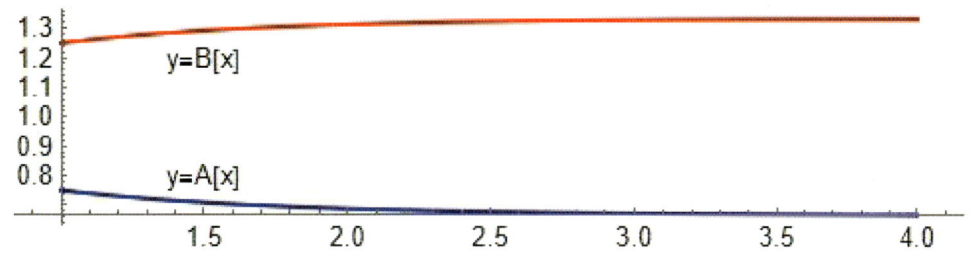

<보충설명>

ParametricPlot[A,Prolog->B]는 B(글자,도형)를 그린 후 그래프 A를 덮어그릴 때 사용한다.
ParametricPlot[A,Epilog->B]는 그래프 A를 그린 후 B(글자,도형)를 덮어그릴 때 사용한다.
Text 함수는 글자를 좌표 (a, b)에 표현하고 싶을 때 사용하는데 Text["글자",{a,b}]와 같은 형식을 사용한다.

PlotLegends 옵션을 사용하여 유사한 결과를 출력하는 코드를 아래와 같이 만들수도 있다.

```
sol=RSolve[{a[n+1]==0.75*a[n]+0.5*b[n],b[n+1]==0.25*a[n]+0.5*b[n],a[0]==1,b[0]==1},{a,b},n];
A[x_]:=a[x]/.sol[[1]];
B[x_]:=b[x]/.sol[[1]];
ParametricPlot[{{t,A[t]},{t,B[t]}},{t,1,4},PlotStyle->{Red,Blue},PlotLegends->{"y=A[x]","y=B[x]"}]
=
```
≫≫≫

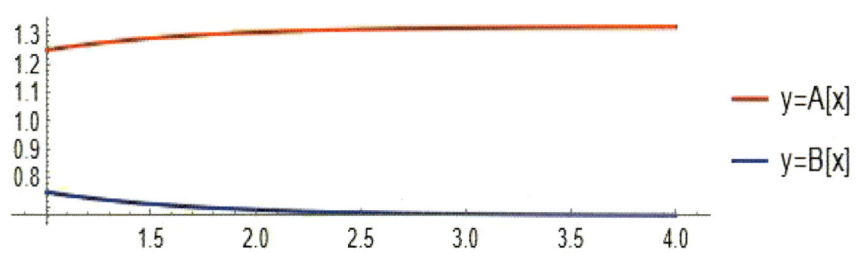

(다) 연립 점화식의 해의 순서쌍들을 점으로 추이 표현하기

연속적인 그래프가 아니라 점의 순서쌍을 좌표평면에 찍어서 표현하고 싶을 때는 ListPlot 함수를 ListPlot[리스트]의 형태로 사용한다.

```
sol=RSolve[{a[n+1]==0.75*a[n]+0.5*b[n],b[n+1]==0.25*a[n]+0.5*b[n],a[0]==1,b[0]==1},{a,b},n];
A[x_]:=a[x]/.sol[[1]];
B[x_]:=b[x]/.sol[[1]];
lista=Table[{i,A[i]},{i,1,10}];
listb=Table[{i,B[i]},{i,1,10}];
ListPlot[{lista,listb},PlotStyle->{Blue,Red},Prolog->{Text["y=A[x]",{1.5,0.8}],Text["y=B[x]",{1.5,1.2}]}]
```

≫≫≫

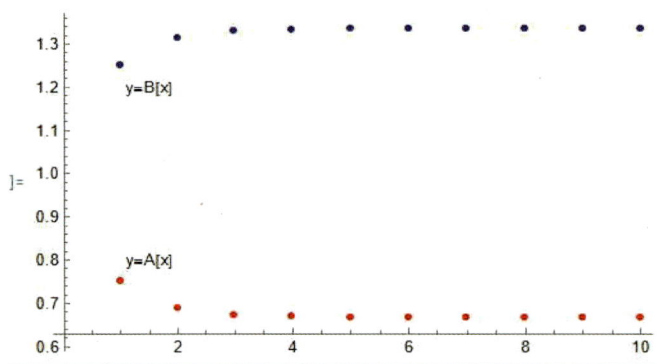

이것 또한 PlotLegends 옵션을 사용하여 유사하게 아래와 같이 코드를 제작할 수 있다.

```
A[x_]:=a[x]/.sol[[1]];
B[x_]:=b[x]/.sol[[1]];
lista=Table[{i,A[i]},{i,1,10}];
listb=Table[{i,B[i]},{i,1,10}];
ListPlot[{lista,listb},PlotStyle->{Blue,Red},
PlotLegends->{"y=A[x]","y=B[x]"}]
```

≫≫≫

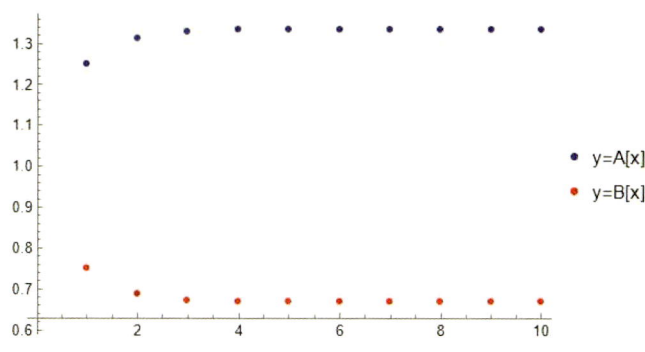

라. 피보나치수열과 유사 피보나치수열의 분석

(1) 피보나치수열

$\{a_n\}$이 $a_{n+2}=a_{n+1}+a_n$ $(a_1=a_2=1)$을 만족할 때, 수열 $\{a_n\}$은 피보나치수열을 따른다고 한다.

피보나치수열에 대한 특성방정식은 $t^2-t-1=0$ 이기 때문에 특성방정식의 해는 $t=t_1=\dfrac{1+\sqrt{5}}{2}$, $t=t_2=\dfrac{1-\sqrt{5}}{2}$이고

이차방정식의 근과 계수의 관계에서 $t_1 t_2=-1$이 나오므로

$t_2=-\dfrac{1}{t_1}=-\dfrac{2}{1+\sqrt{5}}$ 이다.

따라서 점화식의 해는 $a_n=c_1 t_1^n + c_2(-1)^n t_1^{-n}$ 이고

초기조건을 대입하면

$a_n=\dfrac{1}{\sqrt{5}} \cdot \left\{ \left(\dfrac{1+\sqrt{5}}{2}\right)^n - (-1)^n \left(\dfrac{2}{1+\sqrt{5}}\right)^n \right\}$

코딩을 통해 풀면 아래와 같다.

```
sol=RSolve[{a[n+2]==a[n+1]+a[n],a[1]==1,a[2]==1},{a},n];
A[n_]:=a[n]/.sol[[1]];
A[n]
FunctionExpand[A[n]]
```

Fibonacci[n]

$$\frac{\left(\frac{1}{2}(1+\sqrt{5})\right)^n - \left(\frac{2}{1+\sqrt{5}}\right)^n \cos[n\pi]}{\sqrt{5}}$$

> **<보충설명>**
> A[n]은 피보나치수열이므로 매스매티카에서는 Fibonacci[n]으로 표현하지만 이를 n에 대한 함수로 나타내고 싶을때는 FunctionExpand 함수를 FunctionExpand[함수식]의 형식으로 사용한다. 매스매티카에서는 피보나치수열함수, 루카스수열함수, 르장드르함수, 베셀함수, 감마함수 등 여러 가지 함수를 내장하고 있다. 삼각함수, 지수로그함수, 베셀함수, 감마함수 등은 멱급수로 표현가능한데 이는 Series[함수식,중심,차수]함수의 형식으로 사용가능하다.

(2) 루카스수열

$\{a_n\}$이 $a_{n+2} = a_{n+1} + a_n$ $(a_1 = 1, a_2 = 3)$을 만족할 때, 수열 $\{a_n\}$은 루카스수열을 따른다고 한다.

루카스수열의 해 또한 특성방정식의 해를 초기조건과 연립하여 계산할 수 있으며 해는 다음과 같다.

$$a_n = \left(\frac{1+\sqrt{5}}{2}\right)^n + \left(\frac{-2}{1+\sqrt{5}}\right)^n$$

코딩을 통해 풀면 아래와 같다.

```
sol=RSolve[{a[n+2]==a[n+1]+a[n],a[1]==1,a[2]==3},{a},n];
A[n_]:=a[n]/.sol[[1]];
A[n]
FunctionExpand[A[n]]
```

≫≫≫

LucasL[n]

$$\left(\frac{1}{2}(1+\sqrt{5})\right)^n + \left(\frac{2}{1+\sqrt{5}}\right)^n \cos[n\pi]$$

Ⅱ.방정식

1. 매스매티카로 방정식 풀기

매스매티카에서 방정식을 풀고자 할 때는 Solve[방정식,변수]의 형식으로 사용하는데 미지수가 한 개인 일변수 방정식이면 변수 부분을 생략해도 된다.

가. 간단한 방정식 풀기

간단한 방정식을 Solve 함수를 이용하여 해결하는 여러 가지 예시를 아래에 제시하였다.

(예시1) 방정식 $x^2 + 2x - 8 = 0$의 해를 구해보자.

Solve[x^2 +2x -8==0]

》》》

    {{x->-4},{x->2}}

(예시2) 방정식 $x^2 - 2 = 0$의 해를 구해보자.

Solve[x^2 -2 ==0]

》》》

    $\{\{x \to -\sqrt{2}\}, \{x \to \sqrt{2}\}\}$

(예시3) 방정식 $\sin x = \dfrac{\sqrt{2}}{2}$의 해를 구해보자.

Solve[Sin[x]==Sqrt[2]/2]

》》》

$\left\{\left\{x \to \dfrac{\pi}{4} + 2\pi c_1 \text{ if } c_1 \in \mathbb{Z}\right\}, \left\{x \to \dfrac{3\pi}{4} + 2\pi c_1 \text{ if } c_1 \in \mathbb{Z}\right\}\right\}$

(예시4) 방정식 $x + 1 = 2$의 해를 구해보자.

B= x+1==2

```
Solve[B]
```
≫≫≫

      {{x->1}}

(예시5) 방정식 $x+y=10$에서 $x=2$를 대입하였을 때, y값을 구하고자 하면 아래와 같이 코딩할 수 있다.
```
B= x+y==10
vec={2,4}
Solve[B/.x->vec[[1]],y]
```
≫≫≫

      {{y->8}}

> **<보충설명>**
> 리스트에 더블브라켓을 잘 활용하면 편리하다. vec[[1]] 은 2를 의미하고, vec[[2]]는 4를 의미한다. x에 2를 대입하고 방정식B를 풀어 y를 구하는 코드이다.

(예시6) 방정식 $x+y+z=20$에서 $(x,y)=(2,4)$를 대입하였을 때, z값을 구하고자 하면 아래와 같이 코딩할 수 있다.
```
vec={2,4};
Solve[x+y+z==20/.x->vec[[1]]/.y->vec[[2]],z]
```
≫≫≫

      {{z->14}}

동일한 코드는 아래와 같다.
```
vec={2,4};
Solve[x+y+z==20/.{x->vec[[1]],y->vec[[2]]},z]
```

나. 변수가 두 개인 연립방정식 풀기

변수가 두 개인 연립방정식을 매스매티카로 해결하는 여러 가지 예시를 살펴보도록 하자.

(예시1) 연립방정식 $y=x^2$, $y=2x+3$ 을 푸는 코드이다.
```
A=Solve[{y==x^2,y==2*x+3},{x,y}]
```
≫≫≫

      {{x->-1,y->1},{x->3,y->9}}

방정식

(예시2) 연립방정식 $y=x^2$, $y=2x+3$ 을 풀고 (x,y)의 값을 출력하는 코드이다.
A=Solve[{y==x^2,y==2*x+3},{x,y}]
{x,y}/.A

≫≫≫
    {{x->-1,y->1},{x->3,y->9}}
    {{-1,1},{3,9}}

(예시3) 연립방정식 $x+y=1$, $x-y=3$ 을 풀고 $x-2$, $y+1$의 값을 각각 출력하는 코드이다.
A=Solve[{x+y==1, x-y==3},{x,y}]
{x-2, y+1}/.A[[1]]

≫≫≫
    {{x->2,y->-1}}
    {0,0}

(예시4) 이변수 방정식이지만 constraint가 있는 경우는 아래와 같이 해결할 수도 있다. 예를 들어, 반지름 1인 원 위의 점으로서 $y=\frac{1}{2}x$ 위의 제1사분면 위의 점을 찾고자 할 때는 아래와 같이 코딩할 수 있다.
Eq=x^2+y^2==1;
Sol=Solve[Eq/.x->t/.y->t/2,t]
B={Sol[[2,1,2]],Sol[[2,1,2]]/2}

≫≫≫
$$\left\{\left\{t\to-\frac{2}{\sqrt{5}}\right\},\left\{t\to\frac{2}{\sqrt{5}}\right\}\right\}$$
$$\left\{\frac{2}{\sqrt{5}},\frac{1}{\sqrt{5}}\right\}$$

<보충설명>

Sol의 결과는 $\left\{\left\{t\to-\frac{2}{\sqrt{5}}\right\},\left\{t\to\frac{2}{\sqrt{5}}\right\}\right\}$ 와 같은데,

더블브라켓 Sol[[1,1,2]]는 $-\frac{2}{\sqrt{5}}$, Sol[[2,1,2]]는 $\frac{2}{\sqrt{5}}$를 출력한다.

다. 부정방정식

부정방정식은 변수의 개수가 조건의 개수보다 작을 때의 방정식을 의미한다. 부정방정식을 매스매티카로 해결하는 여러 가지 예시를 살펴보도록 하자.

(1) 부정방정식의 해를 있는대로 나타내기

(예시1) 정수 x, y 에 대하여 $x^2+y^2=5$의 해를 출력하는 코드이다.
A=Solve[{x^2+y^2==5},{x,y},Integers]
≫≫≫
{{x->-2,y->-1},{x->-2,y->1},{x->-1,y->-2},{x->-1,y->2},{x->1,y->-2},{x->1,y->2},{x->2,y->-1},{x->2,y->1}}

(예시2) 자연수 x, y 에 대하여 $x^2+y^2=5$의 해를 출력하는 코드이다.
A=Solve[{x^2+y^2==5&&x>0&&y>0},{x,y},Integers]
≫≫≫
{{x->1,y->2},{x->2,y->1}}

(예시3) 정수 x, y 에 대하여 $2x+y=3$의 해를 출력하는 코드이다.
A=Solve[{2*x+y==3},{x,y},Integers]
≫≫≫
$$\{\{x \to c_1 \text{ if } c_1 \in \mathbb{Z}, y \to 3-2c_1 \text{ if } c_1 \in \mathbb{Z}\}\}$$

(2) 한 문자를 다른 문자에 대한 식으로 표현하기

아래의 내용은 이장훈(2012)(Mathematica GuideBook,교우사)를 참조하였다.

(예시1) $x=1+2a$, $y=9+2ax$ 일 때, x, y 를 a에 대한 식으로 나타내고자 할 때는 아래와 같이 코딩한다.
Solve[{x==1+2a, y==9+2x*a},{x,y}]
≫≫≫
$$\{\{x \to 1+2a, y \to 9+2a+4a^2\}\}$$

(예시2) $x=1+2a$, $y=9+2ax$ 일 때, y를 구하되 y는 x를 소거하여 나타내고 싶을 때는

방정식

아래와 같이 코딩한다.

```
Solve[{x==1+2*a, y==9+2x*a},{y},{x}]
```

≫≫≫

$$\{\{y \to 9 + 2a + 4a^2\}\}$$

(예시3) $x = 1 + 2a$, $y = 9 + 2ax$ 일 때, x를 구하되 x는 a를 소거하여 나타내고 싶을 때는 아래와 같이 코딩한다.

```
Solve[{x==1+2*a,y==9+2x*a},{x},{a}]
```

≫≫≫

$$\left\{\left\{x \to \frac{1}{2}\left(1 - \sqrt{-35 + 4y}\right)\right\}, \left\{x \to \frac{1}{2}\left(1 + \sqrt{-35 + 4y}\right)\right\}\right\}$$

라. 방정식의 근사해 찾아내기

방정식의 해를 근삿값으로 나타내는 것이 필요할 때는 NSolve 함수를 NSolve[방정식,변수]의 형식으로 나타낸다. 방정식 $x^6 = a$은 $x = re^{i\theta}$로 두면 $x^6 = r^6 e^{6i\theta} = ae^{i2n\pi}$ 이 나오므로 $x = a^{1/6} e^{in\frac{\pi}{3}} = a^{1/6}(\cos\frac{n\pi}{3} + i\sin\frac{n\pi}{3})$ $(n = 0, 1, 2, 3, 4, 5)$ 와 같이 해를 구할 수 있다.

코드는 아래와 같다.

```
NSolve[x^6 -a ==0,x]
```

≫≫≫

$\{\{x \to -1. \, a^{1/6}\}, \{x \to a^{1/6}\}, \{x \to (-0.5 - 0.866025 i) \, a^{1/6}\},$
$\{x \to (0.5 + 0.866025 i) \, a^{1/6}\}, \{x \to (0.5 - 0.866025 i) \, a^{1/6}\}, \{x \to (-0.5 + 0.866025 i) \, a^{1/6}\}\}$

<보충설명>

위 방정식에서는 변수가 a, x 인데 x의 값을 알아내야 하므로 찾고자 하는 변수에 x를 표시해야 하는 것이다.

2. 초월함수 방정식의 근사해 찾아내기

가. 뉴턴의 방법을 활용한 근사해 찾기

다항식으로 이뤄진 방정식은 Solve나 NSolve를 사용하여 해를 구할 수 있다. 하지만 삼각함수나 지수함수같은 초월함수의 경우는 Solve나 NSolve로 해가 구해지지 않는 경우가 많다. 이 경우는 뉴턴의 방법을 이용한 FindRoot 함수를 FindRoot[방정식,{변수,시작값}]의 형식을 빌어 해를 구할 수 있다.

방정식 $\cos x = x$의 해를 구하고자 한다. 이 때는 두 함수의 그래프를 일단 그려본 후 대략적인 교점의 근삿값을 정한 후 아래와 같이 해의 근삿값을 구할 수 있다. 그래프는 나타내는 범위(range)를 $-1 \leq x \leq 2.5$, $-1 \leq y \leq 2$로 PlotRange 옵션을 사용하였다. 그리고 Plot함수를 사용하여 두 함수 $y = \cos x$, $y = x$ 의 그래프를 서로 다른 색인 빨간색과 파란색으로 표현하고자 PlotStyle 옵션을 사용하여 그래프의 곡선에 색상을 부여하였다.

아래의 예시 코드는 이장훈(2012)(Mathematica GuideBook,교우사)를 참조하였다.

(예시) 초월함수 방정식 $\cos x = x$의 해를 구하고자 한다.

FindRoot[Cos[x]==x, {x,0.7}]

≫≫≫
       {x->0.739085}

<보충설명>
그래프를 통해 해가 0.7 근처에 있다는 것을 확인하였기에 0.7로 표기한 것임

FindRoot[Cos[x]==x, {x,0.7},WorkingPrecision->15]

≫≫≫
       {x->0.739085133215161}

<보충설명>
근사해를 유효숫자 15자리까지 구하여 표기하였다.

Plot[{Cos[x],x},{x,-Pi,Pi},PlotStyle->{Red,Blue},

PlotRange->{{-1,2.5},{-1,2}},Prolog->{Text["y=Cos[x]",{0.5,1.2}],Text["y=x",{2,1.6}]}]

≫≫≫

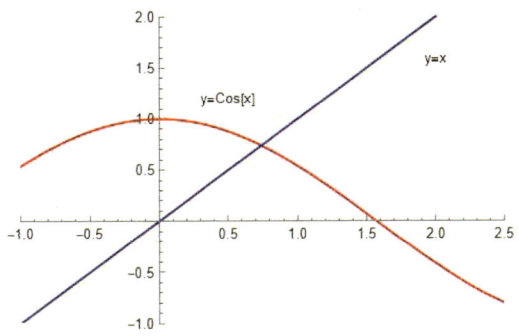

나. 근사해의 정확도 판별하기

근사적으로 구한 해가 정확한지 확인하기 위하여 그 오차를 확인하기 위해 아래와 같이 코딩하였다.

sol=FindRoot[Cos[x]==x, {x,0.7}];
Cos[x]-x/.sol[[1]]

≫≫≫

    -2.22045*10-16

sol=FindRoot[Cos[x]==x, {x,0.7},WorkingPrecision->25];
Cos[x]-x/.sol[[1]]

≫≫≫

    0.*10-25

<보충설명>
근사해를 실제 방정식에 대입하면 거의 근사적으로 방정식을 만족함을 검산할 수 있다.

3. 두 쌍의 점을 지나는 직선의 교점 구하기

두 직선의 교점을 구하는 함수를 만들고자 한다.

두 직선의 방정식을 바로 구할 수 없다. 두 점이 하나의 직선을 결정하기 때문에 두 쌍의 점을 지나는 직선의 방정식을 각각 구한 후 연립방정식의 해를 구하는 전략을 취하고자 한다.

두 점 A, B의 좌표를 각각 $A(a_1, a_2)$, $B(b_1, b_2)$라고 하면 두 점 A, B을 지나는 직선의 방정식은 $(y-a_2)(b_1-a_1) = (b_2-a_2)(x-a_1)$이 된다.

마찬가지로 두 점 F, G의 좌표를 각각 $F(f_1, f_2)$, $G(g_1, g_2)$라고 하면 두 점 F, G을 지나는 직선의 방정식은 $(y-f_2)(g_1-f_1) = (g_2-f_2)(x-f_1)$이 된다.

두 직선의 방정식을 연립하면 그 해가 바로 두 직선의 교점이 된다.

두 직선의 교점을 구하기 위해 아래와 같이 코딩할 수 있다.

```
Sol[A_,B_,F_,G_]:=Module[{eq1,eq2,lx,ly},
eq1=(y-A[[2]])*(B[[1]]-A[[1]])==(B[[2]]-A[[2]])*(x-A[[1]]);
  eq2=(y-F[[2]])*(G[[1]]-F[[1]])==(G[[2]]-F[[2]])*(x-F[[1]]);
S=Solve[{eq1,eq2},{x,y}];
{S[[1,1,2]],S[[1,2,2]]}]
Sol[{1,0},{3,1},{2,4},{-3,2}]
```

{37,18}

> **<보충설명>**
>
> Solve[{eq1,eq2},{x,y}]의 결과는 {{x->37,y->18}}로 나오기 때문에 더블브라켓 S[[1,1,2]]는 x의 값, S[[1,2,2]]는 y의 값을 각각 의미한다.

4. 포락선 구하기

포락선이란 어떤 단일 매개변수에 따라 정의된 무한개의 곡선이 있을 때 그 곡선족의 모든 곡선에 접하는 곡선을 말한다(위키백과 참조).

좌표평면에서 단일매개변수 t에 대한 곡선족 $F(x,y,t)=0$ 가 있을 때 이 곡선족에 대한 포락선은 아래의 연립방정식을 만족한다.

$$F(x,y,t) = \frac{\partial F(x,y,t)}{\partial t} = 0$$

포락선은 스트링아트나 종이접기를 통해 주로 발견되는 경우가 많다.

가. 포물선 종이접기1(포락선)

(1) 이론적 분석

종이접기를 통해 접힌 종이가 만드는 선들로 포물선을 만들 수 있다.

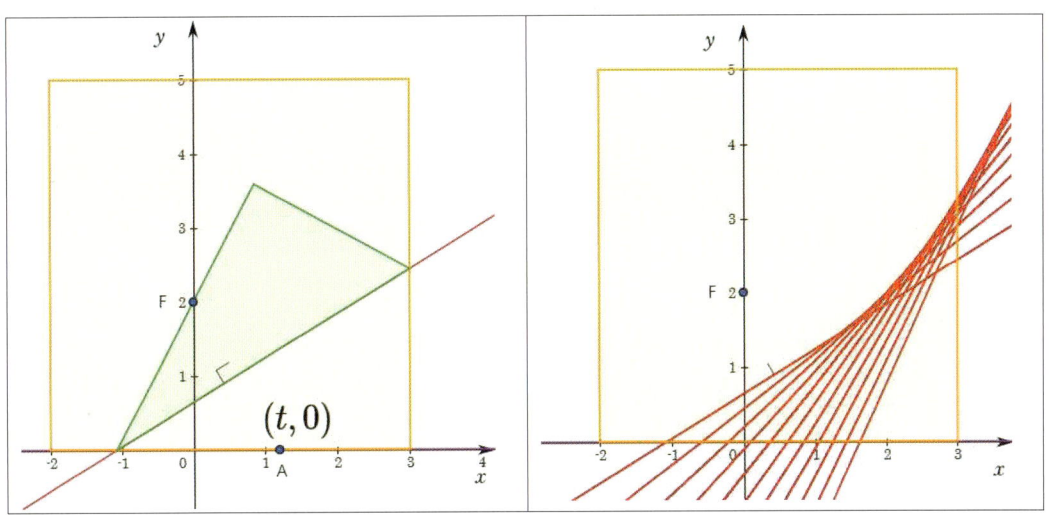

점 $(0,2)$를 고정하고 x축의 점 $(t,0)$이 점 $(0,2)$와 포개어 지도록 종이를 접으면 접힌 종이가 만드는 직선은 $(\frac{t}{2},1)$을 지나고 기울기가 $\frac{t}{2}$가 된다.

따라서 그 직선의 방정식은 $y=\frac{t}{2}(x-\frac{t}{2})+1$ 이 된다.

$g(x,y,t) = \dfrac{t}{2}(x-\dfrac{t}{2})+1-y$ 로 두자.

(직선의 방정식은 $g(x,y,t)=0$이다.)

$\begin{cases} g(x,y,t)=0 \\ \dfrac{\partial g(x,y,t)}{\partial t}=0 \end{cases}$ 을 연립하여 x,y 에 대한 방정식으로 나타내면

포락선의 방정식인 포물선 $y=\dfrac{x^2}{2}+1$이 된다.

이 포물선은 초점이 고정점인 $(0,2)$이고 준선이 x축이 된다.

(2) 코딩 통해 포락선 계산하기

포락선의 방정식을 찾기 위해 여기서는 Elimiate 함수를 Eliminate[{방정식1,방정식2},{소거문자}]의 형식으로 사용하거나 Solve[{방정식1,방정식2},{x,y},{소거문자}]함수를 사용할 수 있다. 코드는 아래와 같다.

```
g[x_,y_,t_]:=(t*(x-t/2)/2)+1-y;
Eliminate[{g[x,y,t]==0,D[g[x,y,t],t]==0},{t}]
```

≫≫≫

$$4y = 4 + x^2$$

```
g[x_,y_,t_]:=(t*(x-t/2)/2)+1-y;
Solve[{g[x,y,t]==0,D[g[x,y,t],t]==0},{x,y},{t}]
```

≫≫≫

$$\left\{\left\{y \to \dfrac{1}{4}(4+x^2)\right\}\right\}$$

(단, 방정식은 모든 "해결" 변수에 대한 솔루션을 제공하지 않을 수 있습니다.)

<보충설명>

다변수 함수의 편미분을 할 때는 D[식,변수]의 형식을 사용한다. 만약 $f(x,y)=x^2+2xy$ 이고 $\partial_x f(x,y)$를 계산하고자 할 때는

f[x_,y_]:=x^2+2xy; D[f[x,y],x] 라고 코드를 입력한다.

방정식

나. 쌍곡선 스트링 아트(포락선)

(1) 이론적 분석

스트링아트 예술작품을 제작할 때 자주 응용되는 방식인 쌍곡선 스트링아트를 소개하겠다. 종이를 가로와 세로로 등분하여 가로점과 세로점을 역순서로 이어접는 방식으로 생성되는 포락선이다.

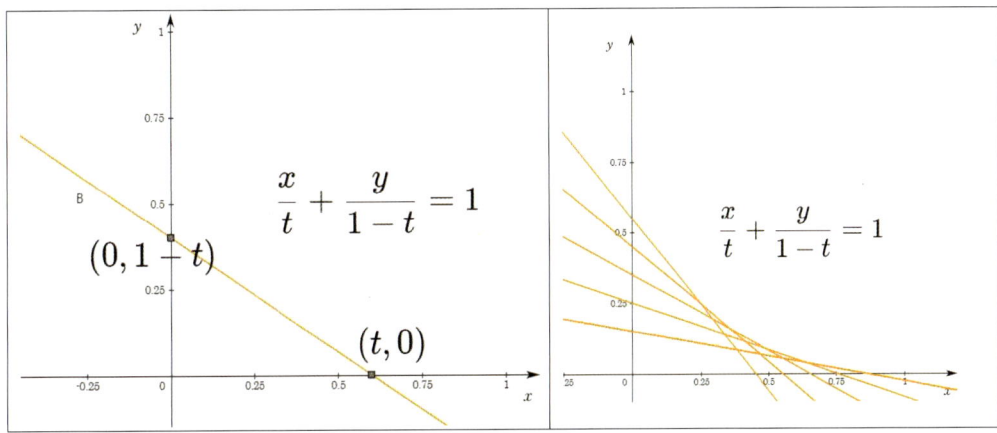

x축 위의 점 $(t,0)$과 y축 위의 점 $(0,1-t)$를 지나는 직선의 방정식은

$\dfrac{x}{t}+\dfrac{y}{1-t}=1$ 이다.

여기서 $g(x,y,t)=\dfrac{x}{t}+\dfrac{y}{1-t}-1$로 두자.

(직선의 방정식은 $g(x,y,t)=0$이다.)

$\begin{cases} g(x,y,t)=0 \\ \dfrac{\partial g(x,y,t)}{\partial t}=0 \end{cases}$ 을 연립하여 x,y에 대한 방정식으로 나타내면

$t=\dfrac{\sqrt{x}}{\sqrt{x}+\sqrt{y}}$ 에서 $x+y+2\sqrt{xy}=1$이 얻어지며 이를 다시 정리하면 $\sqrt{x}+\sqrt{y}=1$ 이 된다.

(2) 코딩 통해 포락선 계산하기

포락선의 방정식을 찾기 위해 여기서는 Eliminate 함수를
Eliminate[{방정식1,방정식2},{소거문자}]의 형식으로 사용하거나
Solve[{방정식1,방정식2},{x,y},{소거문자}]함수를 사용할 수 있다.
코드는 아래와 같다.

매스매티카를 활용한
수학 물리 놀이하기 1

```
g[x_,y_,t_]:=(x/t)+(y/(1-t))-1;
Eliminate[{g[x,y,t]==0,D[g[x,y,t],t]==0},{t}]
```

≫≫≫

$$(-2-2x)y + y^2 == -1 + 2x - x^2$$

```
g[x_,y_,t_]:=(x/t)+(y/(1-t))-1;
Solve[{g[x,y,t]==0,D[g[x,y,t],t]==0},{x,y},{t}]
```

≫≫≫

$$\{\{y \to 1 - 2\sqrt{x} + x\}, \{y \to 1 + 2\sqrt{x} + x\}\}$$

(단, 방정식은 모든 "해결" 변수에 대한 솔루션을 제공하지 않을 수 있습니다.)

<보충설명>

위의 해는 원 해 $(-2-2x)y + y^2 = -1 + 2x - x^2$ 에서 y를 x에 관한 식으로 나타낸 것으로서 원 해 그래프의 일부를 각각 나타낸 것이다.

또한 Reduce함수를 사용할 수도 있는데 Reduce함수는 아래와 같이 두 가지 방식으로 사용가능하다. Reduce[{x,y,t에 관한 방정식},{x,y}] 는 x, y를 t에 대한 식으로 나타내는 함수인 반면 Reduce[{x,y,t에 관한 방정식},{x,y},{t}] 는 t를 소거하여 x, y 사이의 관계를 나타내는 방정식을 나타내는 함수이다. 난이도가 전자의 함수보다 높아서 해결이 안되는 경우도 있음에 유의하자.

```
g[x_,y_,t_]:=(x/t)+(y/(1-t))-1;
Reduce[{g[x,y,t]==0,D[g[x,y,t],t]==0},{x,y}]
Reduce[{g[x,y,t]==0,D[g[x,y,t],t]==0},{x,y},{t}]
```

≫≫≫

$$x = t^2 \,\&\&\, y = (-1+t)^2 \,\&\&\, -t+t^2 \neq 0$$

$$(x = 1 \,\&\&\, y = 4) \,||\, \left((y = 1 - 2\sqrt{x} + x \,||\, y = 1 + 2\sqrt{x} + x) \,\&\&\, -x + x^2 \neq 0\right)$$

다. 타원 종이접기(포락선)

(1) 이론적 분석

동그란 원을 가지고 타원을 접는 방법을 소개한다. 동그란 원의 중심을 $(0, 0)$이라 하고 반지름이 3인 원 내부의 한 점 $(2, 0)$을 고정하고 원주 위의 점이 $(2, 0)$과 포개어지도록 반복하여 종이를 접는다. 접힌 선으로 생성되는 포락선은 타원임을 보이도록 하겠다.

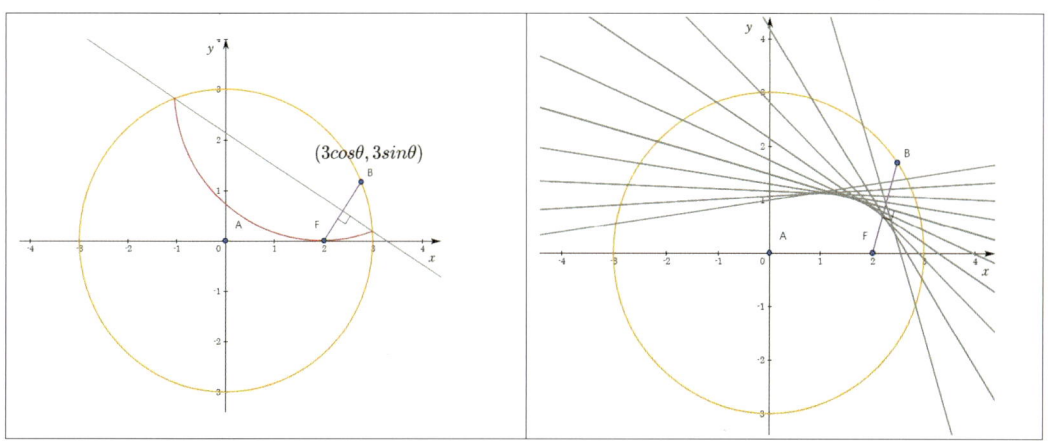

원주 위의 점을 $(3\cos\theta, 3\sin\theta)$라고 하자. 원주 위의 점이 $(2, 0)$과 포개어지도록 접은 직선은 $\left(\dfrac{3\cos\theta + 2}{2}, \dfrac{3\sin\theta}{2}\right)$를 지나고 기울기가 $\dfrac{2 - 3\cos\theta}{3\sin\theta}$인 직선이다.

따라서 직선의 방정식은 $y = \dfrac{2 - 3\cos\theta}{3\sin\theta}\left(x - \dfrac{3\cos\theta + 2}{2}\right) + \dfrac{3\sin\theta}{2}$ 이다.

$g(x, y, \theta) = \dfrac{2 - 3\cos\theta}{3\sin\theta}\left(x - \dfrac{3\cos\theta + 2}{2}\right) + \dfrac{3\sin\theta}{2} - y$ 로 정의하자.

(직선의 방정식은 $g(x, y, \theta) = 0$이다.)

$\begin{cases} g(x, y, \theta) = 0 \\ \dfrac{\partial g(x, y, \theta)}{\partial \theta} = 0 \end{cases}$ 을 연립하여 x, y에 대한 방정식으로 나타내면

$x - 1 = \dfrac{3}{2} \cdot \dfrac{3\cos\theta - 2}{3 - 2\cos\theta}$, $y = \dfrac{5}{2} \cdot \dfrac{\sin\theta}{3 - 2\cos\theta}$ 가 되고 θ를 소거하면

$\dfrac{(x-1)^2}{\left(\dfrac{3}{2}\right)^2} + \dfrac{y^2}{\left(\dfrac{\sqrt{5}}{2}\right)^2} = 1$ 인 타원이 된다.

혹은 θ로 나타낸 위의 식에서 $\cos\theta = t$, $\sin\theta = \sqrt{1 - t^2}$ 로 치환하여 t에 대한 식으로 변형하여 포락선의 방정식을 구하여도 좋다.

(2) 코딩 통해 포락선 계산하기

Solve함수와 Eliminate 함수를 사용하여 포락선의 방정식을 구하는 코드는 아래와 같다.

```
g[x_,y_,t_]:=((2-3*Cos[t])/(3*Sin[t]))*(x-1-3*Cos[t]/2)+(3*Sin[t]/2) -y;
Solve[{g[x,y,t]==0,D[g[x,y,t],t]==0},{x,y},{t}]
```

≫≫≫

$$\left\{\left\{y \to -\frac{1}{6}\sqrt{5}\sqrt{5+8x-4x^2}\right\}, \left\{y \to \frac{1}{6}\sqrt{5}\sqrt{5+8x-4x^2}\right\}\right\}$$

(단, Solve에서는 역함수를 사용하므로 일부 솔루션을 찾지 못할 수도 있습니다.)

> **<보충설명>**
>
> 위의 해는 원 해 $36y^2 = 25 + 40x - 20x^2$ 에서 y를 x에 관한 식으로 나타낸 것으로서 원 해 그래프의 일부를 각각 나타낸 것이다.

```
g[x_,y_,t_]:=((2-3*t)/(3*Sqrt[1-t^2]))*(x-1-3*t/2)+3*Sqrt[1-t^2]/2 -y;
Solve[{g[x,y,t]==0,D[g[x,y,t],t]==0},{x,y},{t}]
```

≫≫≫

$$\left\{\left\{y \to -\frac{1}{6}\sqrt{5}\sqrt{5+8x-4x^2}\right\}, \left\{y \to \frac{1}{6}\sqrt{5}\sqrt{5+8x-4x^2}\right\}\right\}$$

(단, 방정식은 모든 "해결" 변수에 대한 솔루션을 제공하지 않을 수 있습니다.)

```
g[x_,y_,t_]:=((2-3*t)/(3*Sqrt[1-t^2]))*(x-1-3*t/2)+3*Sqrt[1-t^2]/2 -y;
Eliminate[{g[x,y,t]==0,D[g[x,y,t],t]==0},{t}]
```

≫≫≫

$$36y^2 == 25 + 40x - 20x^2$$

라. 포물선 종이접기2(포락선)

(1) 이론적 분석

직사각형 종이 내부의 한 점을 고정하고 아랫변의 점에서 직사각형의 꼭짓점이 내부의 고정된 점과 포개어지도록 종이를 접으면 접힌 선들이 만들어내는 포락선이 포물선이 된다.

정사각형 내부의 한 점 $F(2,2)$를 고정하자. x축 위의 점 $A(t,0)$에서 종이를 접어 점 $O(0,0)$가 점 $F(2,2)$와 포개어지도록 하자. 이 때 점 $O(0,0)$가 점 H와 접혀지며 생기는 y축 상의 점을 A_1이라고 하자.

$\theta = \angle A_1AO = \angle A_1AH$라고 할 때,

선분 OH의 중점의 좌표가 $t\sin\theta(\sin\theta, \cos\theta)$ 이므로 $H(2t\sin^2\theta, 2t\sin\theta\cos\theta)$가 된다.

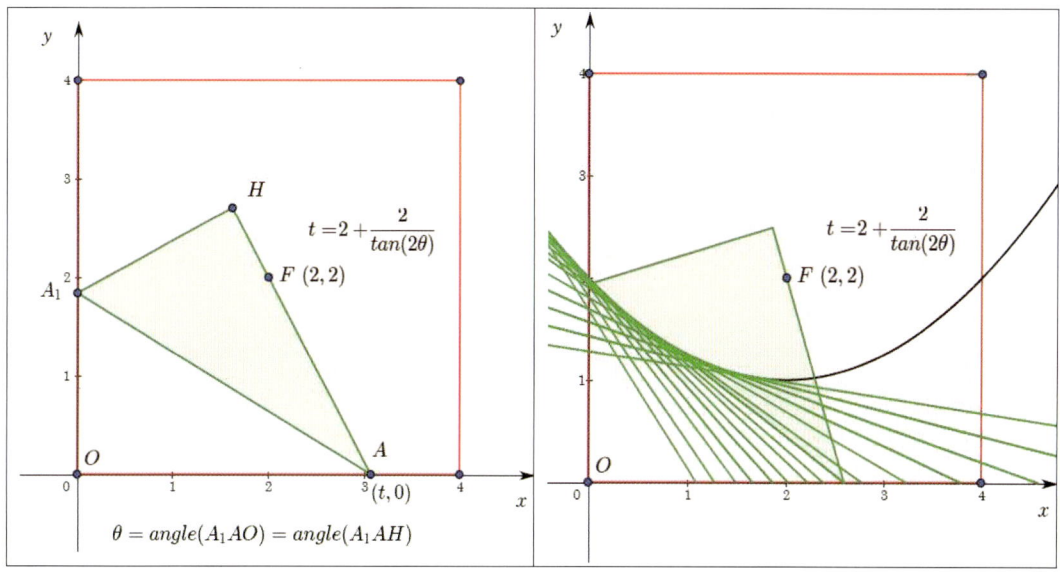

직선 AH는 기울기가 $\dfrac{2}{2-t} = -\tan 2\theta$인 직선이다.

$\tan 2\theta = \dfrac{2}{t-2} = \dfrac{2\tan\theta}{1-\tan^2\theta}$ 이고 $t = 2 + \dfrac{2}{\tan 2\theta}$, $\tan\theta = \dfrac{2-t+\sqrt{t^2-4t+8}}{2}$ 로 정리할 수 있다. 따라서 접힌 종이가 만들어내는 직선의 방정식은 $y = -\tan\theta(x-t)$인데 이 직선을 θ 혹은 t만의 식으로 나타낼 필요가 있다.

θ만으로 나타낸 직선의 방정식은 $y = -\tan\theta(x - 2 - 2\cot 2\theta)$이고 (단, $0 < \theta < \dfrac{\pi}{2}$)

t만으로 나타낸 직선의 방정식은 $y = -\left(\dfrac{2-t+\sqrt{t^2-4t+8}}{2}\right)(x-t)$이다.

$g(x, y, \theta) = -\tan\theta(x - 2 - 2\cot 2\theta) - y$ 로 정의하자.

(직선의 방정식은 $g(x, y, \theta) = 0$이다.)

$$\begin{cases} g(x,y,\theta) = 0 \\ \dfrac{\partial g(x,y,\theta)}{\partial \theta} = 0 \end{cases}$$ 을 연립하여 x, y 에 대한 방정식으로 나타내면

포락선은 $y = 2 - x + \dfrac{x^2}{4}$ 인 초점이 $(2, 2)$ 인 포물선이 된다.

θ를 이용한 식의 표현 대신에 다소 번거롭지만 t를 이용한 식으로 방정식을 연립하여도 포락선의 방정식을 구할 수 있다.

(2) 코딩 통해 포락선 계산하기

Solve함수와 Reduce함수를 사용하여 포락선의 방정식을 구하는 코드는 아래와 같다.

```
g[x_,y_,th_]:=-Tan[th]*(x-2-2*Cot[2*th])-y
Solve[{g[x,y,th]==0,D[g[x,y,th],th]==0},{x,y},{th}]
```

≫ ≫ ≫

$$\{\{x \to 2(1 - \sqrt{-1+y})\}, \{x \to 2(1 + \sqrt{-1+y})\}\}$$

(단, Solve에서는 역함수를 사용하므로 일부 솔루션을 찾지 못할 수도 있습니다.)

> **<보충설명>**
> 실제로 위의 해집합은 원 해 $4y = 8 - 4x + x^2$ 에서 x를 y에 관한 식으로 나타낸 것으로서 원 해 그래프의 일부를 각각 나타낸 것이다.

```
g[x_,y_,t_]:=-((2-t+Sqrt[t^2 -4*t+8])/2)*(x-t)-y
Solve[{g[x,y,t]==0,D[g[x,y,t],t]==0},{x,y},{t}]
```

≫ ≫ ≫

$$\left\{\left\{y \to \dfrac{1}{4}(8 - 4x + x^2)\right\}\right\}$$

(단, 방정식은 모든 "해결" 변수에 대한 솔루션을 제공하지 않을 수 있습니다.)

```
g[x_,y_,t_]:=-Tan[t]*(x-2-2*Cot[2*t])-y
Reduce[{g[x,y,t]==0,D[g[x,y,t],t]==0},{x,y},{t}]
```

≫ ≫ ≫

$(x = 2\ \&\&\ y = 1)\ ||$
$\left(-2 + x \neq 0\ \&\&\ y = \dfrac{1}{4}(8 - 4x + x^2)\ \&\&\ (-8 + 4x - x^2 + 2\sqrt{8 - 4x + x^2} \neq 0\ ||\ 8 - 4x + x^2 + 2\sqrt{8 - 4x + x^2} \neq 0)\right)$

마. 길이가 1인 사다리의 미끄러짐(포락선)

(1) 이론적 분석

벽에 기대어 있는 길이가 1인 사다리가 편평한 바닥에서 미끄러질 때 사다리의 자취는 포락선을 만든다. 벽과 바닥의 교점을 원점 $(0,0)$이라 하면 사다리가 바닥에 닿은 점과 벽에 맞닿은 점의 좌표는 각각 $(t,0)$, $(0,\sqrt{1-t^2})$ 이 된다 (단, $0 < t < 1$).

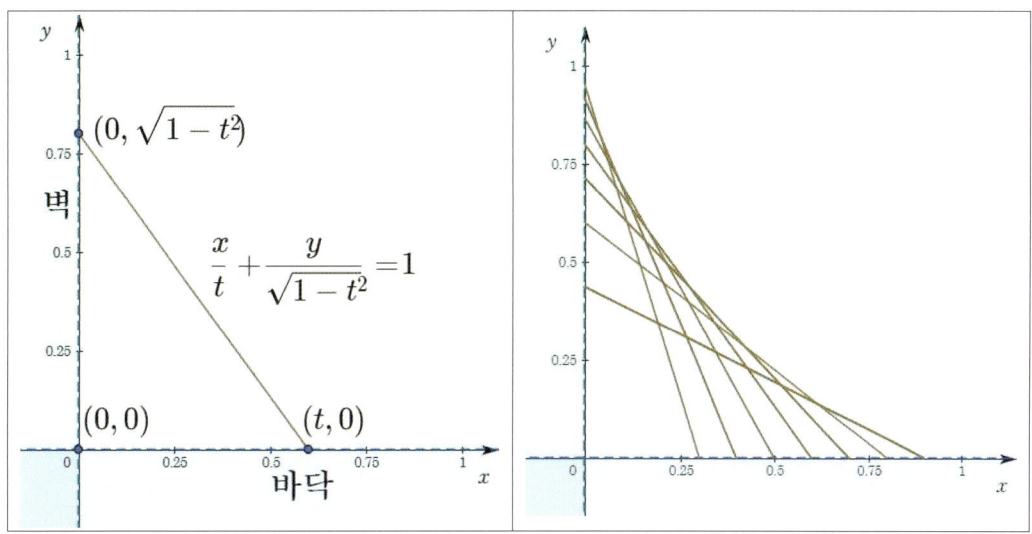

x축 위의 점 $(t,0)$과 y축 위의 점 $(0,\sqrt{1-t^2})$를 지나는 직선의 방정식은

$\dfrac{x}{t} + \dfrac{y}{\sqrt{1-t^2}} = 1$이다.

여기서 $g(x,y,t) = \dfrac{x}{t} + \dfrac{y}{\sqrt{1-t^2}} - 1$로 두자.

(직선의 방정식은 $g(x,y,t)=0$이다.)

$\begin{cases} g(x,y,t)=0 \\ \dfrac{\partial g(x,y,t)}{\partial t}=0 \end{cases}$ 을 연립하여 x,y를 t에 대한 방정식으로 나타내면

$x=t^3, y=(\sqrt{1-t^2})^3$이 얻어지므로 $y=\left(\sqrt{1-x^{\frac{2}{3}}}\right)^3$ 이다.

(2) 코딩 통해 포락선 계산하기

이 경우는 Solve함수와 Reduce함수를 사용하되 직접 포락선의 방정식을 구하는 방식으로는 문

제가 해결되지 않았기에 x, y를 다른 하나의 매개변수로 표현하는 간접적인 방법으로 해결하였다. 코드는 아래와 같다.

```
g[x_,y_,t_]:=(x/t)+(y/Sqrt[1-t^2])-1;
Solve[{g[x,y,t]==0,D[g[x,y,t],t]==0},{x,y}]
```

≫≫≫

$$\left\{\left\{x \to t^3,\ y \to -\sqrt{1-t^2}\ (-1+t^2)\right\}\right\}$$

> **<보충설명>**
>
> 이 경우는 t를 소거하여 수기로 식을 나타내는 게 가능하긴 하지만 프로그램이 해당 문제를 t를 소거하여 x, y에 대한 방정식으로 나타내는 작업을 잘 처리하지는 못한다.
> 따라서 Solve[{g[x,y,t]==0,D[g[x,y,t],t]==0},{x,y},{t}] 코드를 단시간에 처리하지는 못해서 Solve[{g[x,y,t]==0,D[g[x,y,t],t]==0},{x,y}] 코드로 대체한 것이다.
> 원 해집합에 해당하는 방정식은 $t = \cos\theta$로 치환하여 정리하면
> $x = \cos^3\theta$, $y = \sin^3\theta$가 나오므로 방정식은 $x^{\frac{2}{3}} + y^{\frac{2}{3}} = 1$ 와 같다.

```
g[x_,y_,t_]:=(x/t)+(y/Sqrt[1-t^2])-1;
Reduce[{g[x,y,t]==0,D[g[x,y,t],t]==0},{x,y}]
```

≫≫≫

$$t\sqrt{1-t^2} \neq 0\ \&\&\ x = t^3\ \&\&\ y = \sqrt{1-t^2} - t^2\sqrt{1-t^2}$$

Ⅲ. 매스매티카로 다양한 프로그램 만들기

1. 직선 위의 두 물체의 충돌 동영상

직선 위에서 두 물체가 충돌할 때 충돌 전/후의 각각의 속도는 운동량 보존법칙에 의해 결정된다.
직선상의 두 물체 A, B의 질량이 m_1, m_2 이고
충돌 전 A의 속도 v_1, B의 속도 v_2이며
충돌 후 A의 속도 $v_1{'}$, B의 속도 $v_2{'}$ 이라고 하자.

탄성계수 e를 $e = \dfrac{v_2{'} - v_1{'}}{v_1 - v_2}$ 라고 정의하면

운동량 보존법칙에 의하여
$m_1 v_1 + m_2 v_2 = m_1 v_1{'} + m_2 v_2{'}$ 이다.
운동량 보존법칙의 식과 탄성계수의 식을 연립하면

$$\begin{cases} v_1{'} = v_1 - \dfrac{m_2(1+e)}{m_1+m_2}(v_1 - v_2) \\ v_2{'} = v_2 + \dfrac{m_1(1+e)}{m_1+m_2}(v_1 - v_2) \end{cases}$$

원(Disk)모양인 두 물체가 A, B가 직선상에서 움직일 때 충돌 전후를 코딩으로 나타내고자 한다.
두 물체 A, B의 정보는 아래와 같다고 하자.

	초기위치	질량	반지름	충돌 전 속도	충돌 후 속도
A	$xA = d$	mA	$\dfrac{mA}{10}$	$vA1$	$vA2$
B	$xB = -d$	mB	$\dfrac{mB}{10}$	$vB1$	$vB2$
두 물체간 충돌시간 = $\left(2d - \dfrac{mA}{10} - \dfrac{mB}{10}\right) / (vA1 - vB1)$					
A의 충돌위치 = $d + vA1 \times$ (두 물체간 충돌시간)					
B의 충돌위치 = $-d + vB1 \times$ (두 물체간 충돌시간)					

운동의 동영상은 동적변수인 mA(mass of A로 표시), mB(mass of B로 표시), vA1(initial velocity of A로 표시), vB1(initial velocity of B로 표시), ce(coefficient of elasticity로 표시)

매스매티카를 활용한
수학 물리 놀이하기 1

에 의해 변하고 tt(time으로 표시)의해 진행된다.

아래의 코드는 wolfram Demonstrations Project를 참고하였다.

<코드 참고자료>

Fredericka Brown and Sara McCaslin

"Linear Collisions of Two Disks"

http://demonstrations.wolfram.com/LinearCollisionsOfTwoDisks/

Wolfram Demonstrations Project

Published: March 7 2011

```
Manipulate[d=5; xA=-d; xB=d; vA2=vA1-mB*(1+ce)*(vA1-vB1)/(mA+mB);
 vB2=vB1+mA*(1+ce)*(vA1-vB1)/(mA+mB);
 tcol=(2*d-(mA/10)-(mB/10))/(vA1-vB1);
 xcolA=xA+vA1*tcol; xcolB=xB+vB1*tcol;
 If[tt<=tcol,xA2=vA1*tt+xA,xA2=xcolA+vA2*(tt-tcol)];
 If[tt<=tcol,xB2=vB1*tt+xB,xB2=xcolA+vB2*(tt-tcol)];
If[tt<=tcol,vecA=Graphics[{Red,Arrow[{{xA2,0},{xA2+vA1,0}}]}],vecA=Graphics[{Red,Arrow[{{xA2,0},{xA2+vA2,0}}]}]];
If[tt<=tcol,vecB=Graphics[{Red,Arrow[{{xB2,0},{xB2+vB1,0}}]}],vecB=Graphics[{Red,Arrow[{{xB2,0},{xB2+vB2,0}}]}]];
 obA=Graphics[{Gray,Disk[{xA2,0},mA/10]}];
 obB=Graphics[{Gray,Disk[{xB2,0},mB/10]}];
 road=Graphics[{Green,Line[{{-10,0},{10,0}}]}];
Show[{road,obA,obB,vecA,vecB},PlotRange->{{-10,10},{-1,5}}],
{{mA,5,"mass of A"},1,10,Appearance->"Labeled"},
{{mB,5,"mass of B"},1,10,Appearance->"Labeled"},
{{vA1,5,"initial velocity of A"},1,5,Appearance->"Labeled"},
{{vB1,-5,"initial velocity of B"},-5,0,Appearance->"Labeled"},
{{ce,0.5,"coefficient of elasticity"},0,1,Appearance->"Labeled"},{{tt,0,"time"},0,5}]
```

≫≫≫

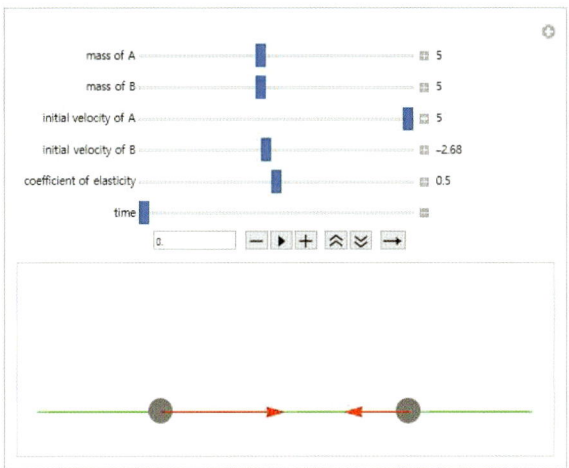

<보충설명>

위의 코드에서 PlotRange->{{-10,10},{-1,5}}을 설정하지 않고 생략시 충돌 후 그래픽이 불안정하므로 PlotRange 옵션을 Show 함수코드에 추가하여 지정하여야 한다.

2. 타원당구장

타원의 한 초점에서 발사된 광선은 타원과 충돌하여 다른 초점으로 진행함이 잘 알려져 있다. 하지만 타원의 초점이 아닌 곳에서 입사되는 광선의 궤적은 어떠할지에 대해 고민할 필요가 있다.

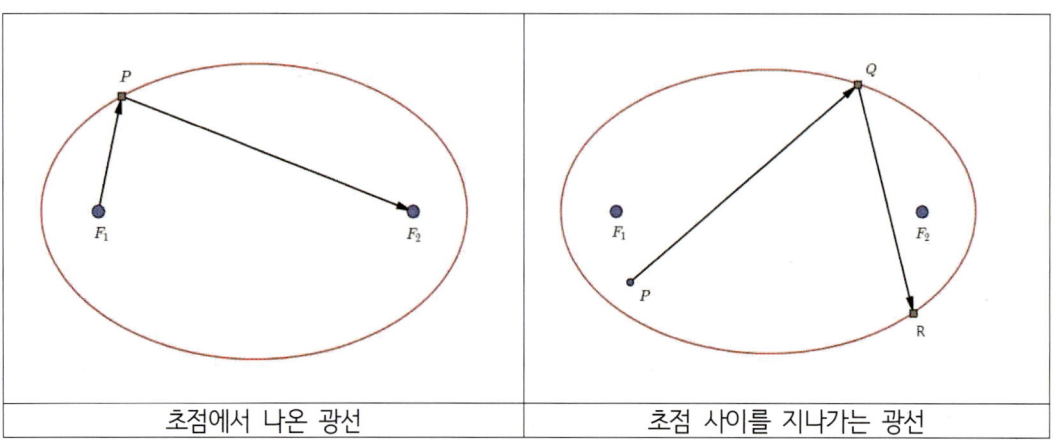

| 초점에서 나온 광선 | 초점 사이를 지나가는 광선 |

가. 타원당구장 코딩에 필요한 수학

타원의 방정식이 $\dfrac{x^2}{a^2}+\dfrac{y^2}{b^2}=1$ 인 타원 내부의 점 P 를 생각하자.

점 P 에서 출발하여 타원의 경계점 Q 에서 점 R 로 반사되는 광선을 생각하자.

$Q=Q(q_1,q_2)$ 라면 경계면(점 Q에서 타원의 접선)에서 곡선 내부로 향하는 법벡터는 $(-q_1b^2,\ -q_2a^2)$ 임은 명백하다. 따라서 점 $Q(q_1,q_2)$ 에서 단위 법벡터는

$$\vec{U}=\dfrac{(-q_1b^2,\ -q_2a^2)}{\sqrt{q_1^2b^4+q_2^2a^4}}$$ 이다.

입사광선 벡터를 $\vec{V_i}$, 반사광선 벡터를 $\vec{V_r}$ 이라고 할 때, 반사광선 벡터 $\vec{V_r}$ 를 다른 두 벡터 $\vec{V_i},\ \vec{U}$ 의 식으로 표현해보자.

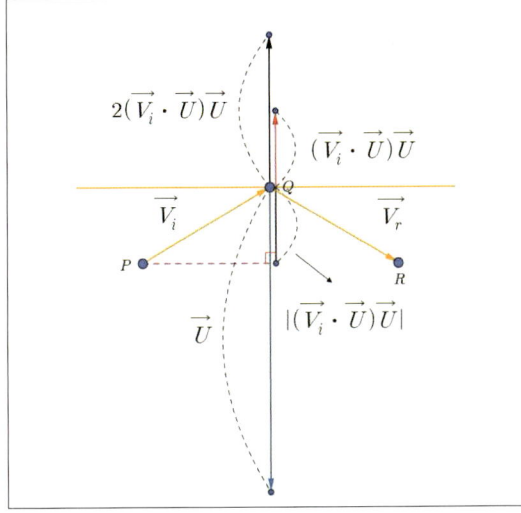

반사광선 벡터는
아래와 같이 두 벡터의 차로
표현된다.
$\vec{V_r} = \vec{V_i} - 2(\vec{V_i} \cdot \vec{U})\vec{U}$

그리고 점P_1과 점P_2를 지나는 벡터방정식은

$\begin{pmatrix} x \\ y \end{pmatrix} = P_1 + t(P_2 - P_1)$ 이 되는데

직선P_1P_2 위에서

$t < 0$이면 선분P_1P_2바깥의 P_1에 가까운 점이고

$0 < t < 1$이면 선분P_1P_2 사이의 점이고, $t > 1$이면 선분P_1P_2바깥의 P_2에 가까운 점을 의미한다.

나. 타원당구장의 코드

타원당구장의 코드는 이장훈(2012)(Mathematica GuideBook,교우사)의 코드를 참조하였지만 원 코드를 상당히 간소화시켜 제작한 코드를 아래에서 제시하고자 한다.

위의 내용을 참고하여 타원의 초점을 지나지 않는 광선을 추적하기 위해 코드에서 Ellips함수를 먼저 정의하였다. 정의된 Ellips 함수는 원점이 중심이고 장반경 3, 단반경 2인 타원 내부에서 광선의 출발점(P1)과 도착점(P2)을 지정하면 내부에서 초기의 광선이 타원과 만나는 점(Q)와 반사되어 향하는 점(VecOut+Q)점을 계산하여 차례로 세 점(P1,Q,VecOut+Q)을 출력하게 된다. 이후 Ellipsn함수를 정의하는데 이는 타원 내부에서 출발점(p1)과 도착점(p2)를 지정하고 광선이 타원의 경계에서 n번 반사했을 때 광선을 경로를 출력하는 역할을 한다.

타원당구장에 대한 코딩은 난이도가 높은 편이므로 코딩에 대한 이해를 돕기 위해 거추장스럽지만 sol과 orbit1에 Print함수를 적용하였다. 그리고 코드의 각 부분을 그림과 함께 세밀하게 분석하였다. 이후 반복횟수 n값이 커질 때 생기는 포락선을 관찰하고 포락선에 대한 수학적 증명을 제시할 것이다. 아래 코드에서는 코드에 대한 독자의 이해를 도우기 위해 Ellipsn 함수에 비교적 작은 n값인 2를 적용하였다.

```
a=3; b=2;
Ellips[P1_,P2_]:=Module[{LineVec,Sol,t0,Q,NormalVec,UnitNormalVec,VecAxis,VecOut},Eq=x^2/a^2+y^2/b^2==1;
  LineVec=t(P2-P1)+P1;VecIn=P2-P1;
  Sol=NSolve[Eq/.{x->LineVec[[1]],y->LineVec[[2]]},t];
  Print[Sol];
  t0=Max[Sol[[1,1,2]],Sol[[2,1,2]]];
  Q=LineVec/.t->t0;
  NormalVec={-(b^2)*x,-(a^2)*y}/.{x->Q[[1]],y->Q[[2]]};
  UnitNormalVec=NormalVec/Sqrt[NormalVec[[1]]^2+NormalVec[[2]]^2];
  VecAxis=2*(VecIn.UnitNormalVec)*UnitNormalVec;
  VecOut=VecIn-VecAxis;
  Return[{P1,Q,VecOut+Q}]]
Ellipsn[p1_,p2_,n_]:=Module[{gf1,gf2,gf3,gf4,gf5},F1={-Sqrt[a^2-b^2],0};
  F2={Sqrt[a^2-b^2],0};
  data=Ellips[N[p1],N[p2]];
  orbit=NestList[Ellips[#[[2]],#[[3]]]&,data,n];
  Print[orbit];
  orbit1=Flatten[orbit,1];
  Print[orbit1];
  gf1=ParametricPlot[{a          Cos[θ],b          Sin[θ]},{θ,0,2π},PlotStyle->{Thickness[0.007],Red}];
  gf2=ListPlot[orbit1];
  gf3=Show[Graphics[{Thickness[0.01],Red,Arrow[{p1,p2}]}]];
  gf4=Show[Graphics[{Blue,PointSize[0.03],Point[F1],Point[F2]}]];
  gf5=Graphics[Line[orbit]];
Show[gf1,gf2,gf3,gf4,gf5,PlotLabel->Style[ToString[x^2/a^2+y^2/b^2,StandardForm]<>"=1"<>"    ,F1="<>ToString[F1]<>"    ,F2="<>ToString[F2]]]]
Ellipsn[{-2,-1},{0,0.7},2]
```

≫≫≫

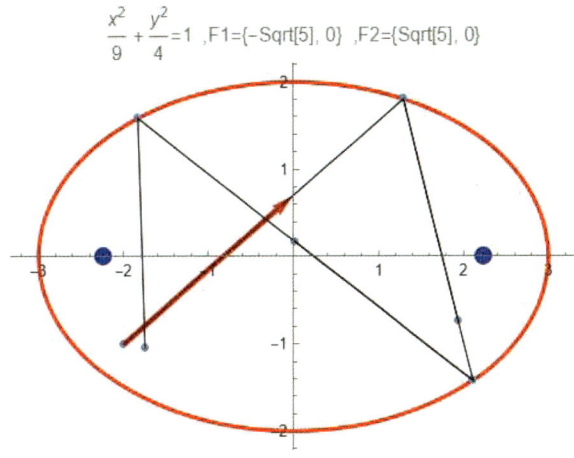

{{t->-0.158797},{t->1.64892}}
{{t->1.97361*10^-16}, {t->1.26678}}
{{t->0.},{t->1.88904}}

{{{-2.,-1.},{1.29784,1.80316},{1.93985,-0.741996}},{{1.29784,1.80316},{2.11112,-1.42098},{0.0226458,0.169075}},{{2.11112,-1.42098},{-1.83409,1.5827},{-1.75236,-1.04091}}}

{{-2.,-1.},{1.29784,1.80316},{1.93985,-0.741996},{1.29784,1.80316},{2.11112,-1.42098},{0.0226458,0.169075},{2.11112,-1.42098},{-1.83409,1.5827},{-1.75236,-1.04091}}

> **<보충설명>**
>
> 위 out의 결과에서 첫 3개줄의 출력 결과는 t의 값을 알려주는 Print[Sol]; 의 결과물이다.
>
> 다음 2개는 Print[orbit]; 과 Print[orbit1];의 결과를 출력한 것이다. orbit은 리스트로서 출발점(P1), 타원과의 교점(Q), 반사된 후 향하는 점(VecOut+Q)점을 리스트로 포함한다. orbit1은 리스트 orbit 내에 있는 원소들을 같은 레벨의 점들로 나타내기 위해 Flatten 함수를 적용한 것이다. 리스트 orbit1 에 Line함수를 적용하면 다각선으로 이뤄진 광선의 경로가 생성된다.
>
> 위의 코드에서 실제로 {Print[Sol];, Print[orbit];, Print[orbit1];}은 코드의 세부흐름을 보여주기 위한 것으로 코드에서 생략해도 무방하다. Print[]는 말미에 ;를 첨가하여도 출력이 됨에 유의하자.
>
> 두 벡터 $\vec{u}=(a,b), \vec{v}=(c,d)$라고 할 때 두 벡터의 내적 $\vec{u} \cdot \vec{v}$ 연산은 아래와 같이 코딩한다.
>
> u={a,b}; v={c,d};
>
> u.v
>
> ≫≫≫
>
>   ac+bd

(1) 코드 파헤치기1(Sol)

LineVec=t(P2-P1)+P1와 같이 정의하고 Eq와 연립하였을 때,

시작점을 P1(-2,-1), 목표점을 P2(0,0.7)로 정의하자.

Sol= NSolve[Eq/.{x->LineVec[[1]],y->LineVec[[2]]} ,t] 의

결과를 Print[Sol]로 보면 {{t->-0.158797},{t->1.64892}} 과 같다. 여기서 해 {t->-0.158797} 은 아래 그림에서 점 P1에 가까운

타원과의 교점 Q'을 의미하며,

{t->1.64892}은 점 P2에 가까운 타원과의 교점 Q를 의미한다.

Sol의 결과는 {{t->x1(음)},{t->x2(양)}} 이 나올 때, x1은 더블브라켓을 활용하여 Sol[[1,1,2]]을 의미하고 x2는 Sol[[2,1,2]]를 의미한다.

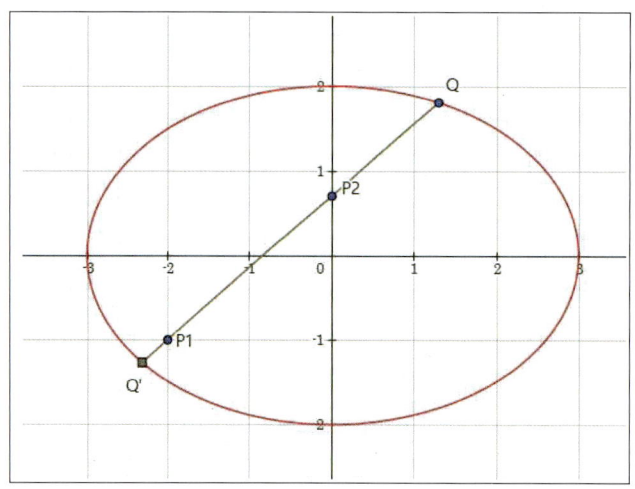

(2) 코드 파헤치기2(Ellips함수)

Ellips[P1,P2] 입력시 결과는 {P1,Q, VecOut+Q}를 되돌려주며 아래의 그림과 같다. 여기서 두 점 P1, P2 간 거리는 두 점 Q, VecOut+Q 간 거리와 같다.

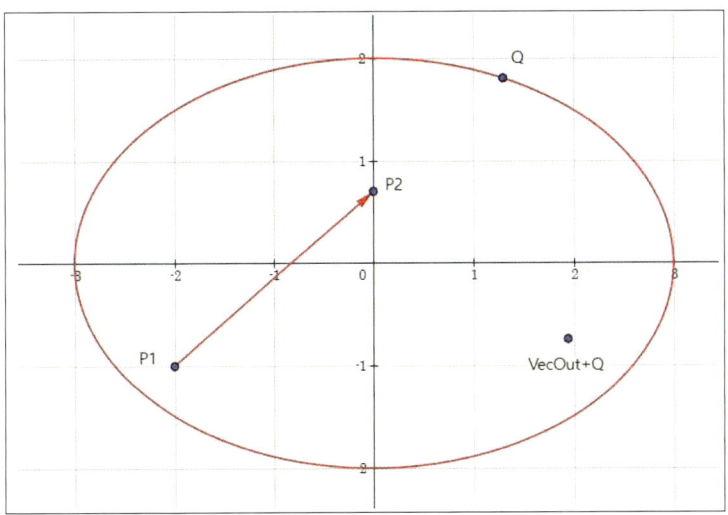

(3) 코드 파헤치기3(Ellipsn함수)

Ellipsn[{-2,-1},{0,0.7},1] 을 입력시 출력은 아래(좌측)와 같다.

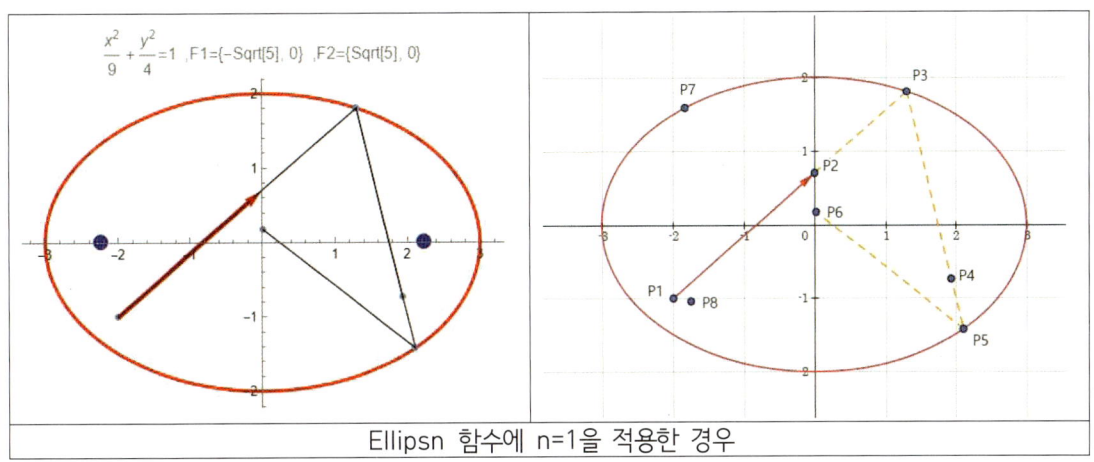

Ellipsn 함수에 n=1을 적용한 경우

그리고 이 경우 리스트 orbit는 6개의 점으로 이뤄져 있다.

Print[orbit]의 결과는 아래와 같다.

Print[orbit]

≫≫≫

{{P1,P3,P4}, {P3,P5,P6}}

반면 Print[orbit1]의 결과는 아래와 같다.

Print[orbit1]

≫≫≫
        {P1, P3, P4, P3, P5, P6}

Ellipsn[{-2,-1},{0,0.7},2] 을 입력시 출력은 아래(좌측)와 같다.

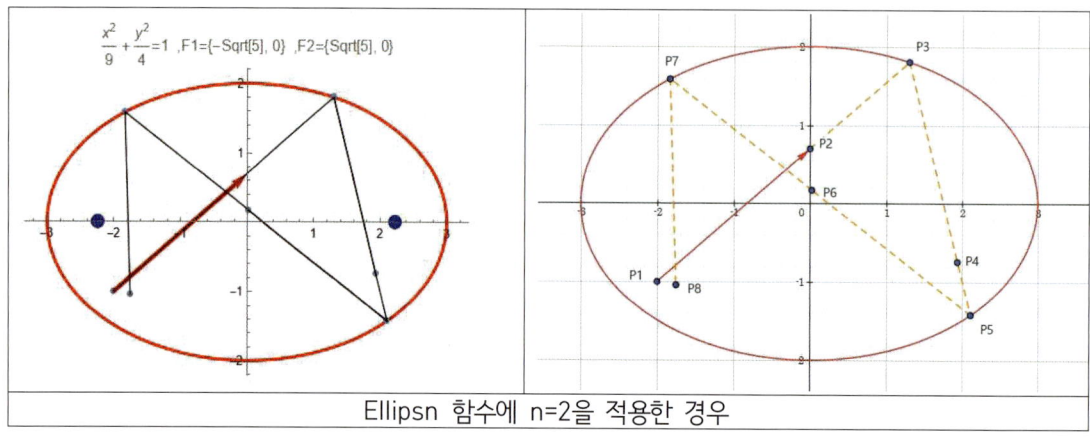

Ellipsn 함수에 n=2을 적용한 경우

그리고 이 경우 리스트 orbit는 9개의 점으로 이뤄져 있다.
Print[orbit]의 결과는 아래와 같다.
Print[orbit]

≫≫≫
        {{P1,P3,P4}, {P3,P5,P6},{P5,P7,P8}}

반면 Print[orbit1]의 결과는 아래와 같다.
Print[orbit1]

≫≫≫
        {P1, P3, P4, P3, P5, P6, P5, P7, P8}

(4) 포락선의 관찰과 증명

반복횟수 n값을 늘리면 그 포락선을 관찰할 수 있다.

입사광선이 두 초점의 바깥에 있다면 그 포락선이 초점이 동일한 타원이 된다.

반면에 입사광선이 두 초점의 사이에 있다면 그 포락선이 초점이 동일한 쌍곡선이 된다.

Ellipsn[{-2.5,0},{-2.5,1},100]

≫≫≫

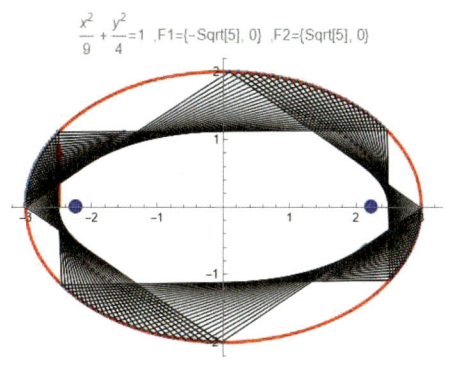

Ellipsn[{-2,-1},{0,0.7},100]

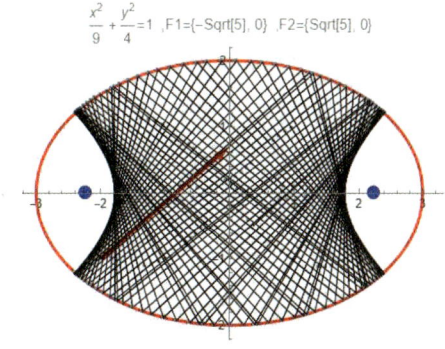

(가) 입사광선이 두 초점의 바깥쪽에서 출발하는 경우

타원의 초점은 F_1, F_2이고 입사광선이 I_0에서 출발하여 I_1에서 반사되어 I_2로 진행하고 있다. 선분 I_0I_1에 대해 점 F_1을 선대칭 한 점이 점 $F_1{'}$이고, 선분 I_1I_2에 대해 점 F_2를 선대칭 한 점이 점 $F_2{'}$이다. 점 P는 선분 $F_1{'}F_2$와 선분 I_0I_1의 교점이고, 점 Q는 선분 $F_1F_2{'}$와 선분 I_1I_2의 교점이다.

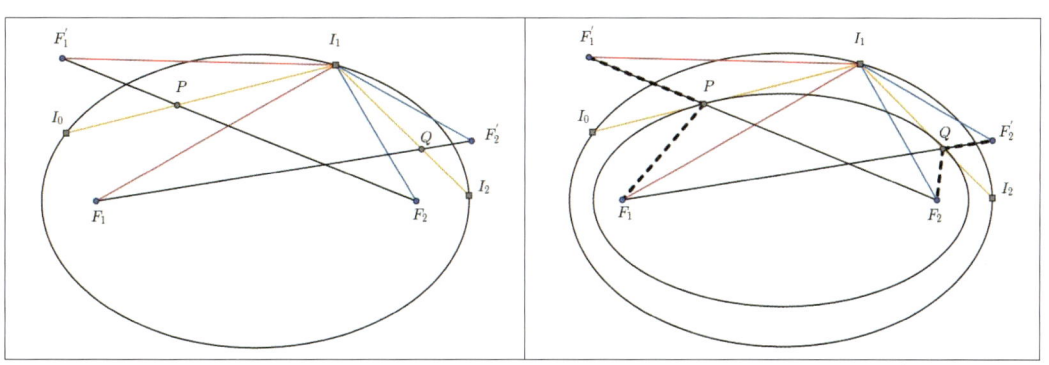

경계면의 한 점을 향해 입사하는 서로 다른 두 광선이 반사된 후 두 광선 사이의 각은 반사 전과 후가 동일하다. 따라서 삼각형 $I_1F_1'F_2$과 삼각형 $I_1F_1F_2'$은 서로 합동이므로 $\overline{F_1'F_2}=\overline{F_1F_2'}$이다. 직선 I_0I_1은 점 P에서 초점이 F_1, F_2이고 장축의 길이가 $\overline{F_1'F_2}$인 타원의 접선이다. 그리고 직선 I_1I_2은 점 Q에서 초점이 F_1, F_2이고 장축의 길이가 $\overline{F_1F_2'}$인 타원의 접선이다. $\overline{F_1'F_2}=\overline{F_1F_2'}$이므로 방금 언급한 두 타원은 동일한 타원이다. 따라서 타원의 두 초점 바깥에서 입사한 광선이 타원의 경계에서 반사되면서 생성되는 포락선은 초점이 동일한 타원이 된다.

(나) 입사광선이 두 초점 사이에서 출발하는 경우

타원의 초점은 F_1, F_2이고 입사광선이 I_0에서 출발하여 I_1에서 반사되어 I_2로 진행하고 있다. 선분 I_0I_1에 대해 점 F_1을 선대칭 한 점이 점 F_1'이고, 선분 I_1I_2에 대해 점 F_2를 선대칭 한 점이 점 F_2'이다. 점 P는 직선 $F_1'F_2$와 직선 I_0I_1의 교점이고, 점 Q는 직선 F_1F_2'와 직선 I_1I_2의 교점이다.

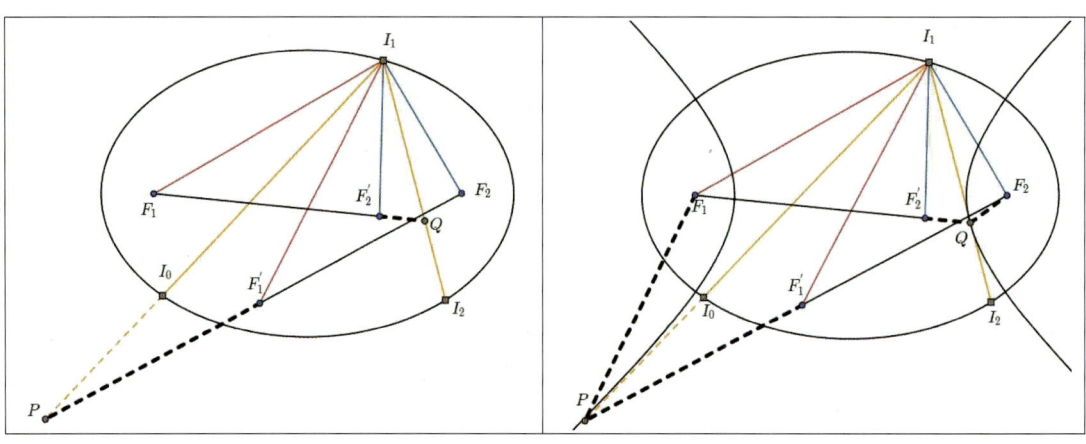

경계면의 한 점을 향해 입사하는 서로 다른 두 광선이 반사된 후 두 광선 사이의 각은 반사 전과 후가 동일하다. 따라서 삼각형 $I_1F_1F_2'$과 삼각형 $I_1F_1'F_2$은 서로 합동이므로 $\overline{F_1F_2'}=\overline{F_1'F_2}$이다. 직선 I_0I_1은 점 P에서 초점이 F_1, F_2이고 주축의 길이가 $\overline{F_1'F_2}$인 쌍곡선의 접선이다. 그리고 직선 I_1I_2은 점 Q에서 초점이 F_1, F_2이고 주축의 길이가 $\overline{F_1F_2'}$인 쌍곡선의 접선이다. $\overline{F_1'F_2}=\overline{F_1F_2'}$이므로 방금 언급한 두 쌍곡선은 동일한 쌍곡선이다. 따라서 타원의 두 초점 사이로 입사한 광선이 타원의 경계에서 반사되면서 생성되는 포락선은 초점이 동일한 쌍곡선이 된다.

3. 코흐 프랙탈

코흐눈송이 프랙탈은 정삼각형에서 출발하여 정삼각형의 각 변을 3등분하여 가운데의 선분을 한 변으로 하는 정삼각형을 바깥쪽으로 반복적으로 그림으로서 생기는 곡선을 말한다.

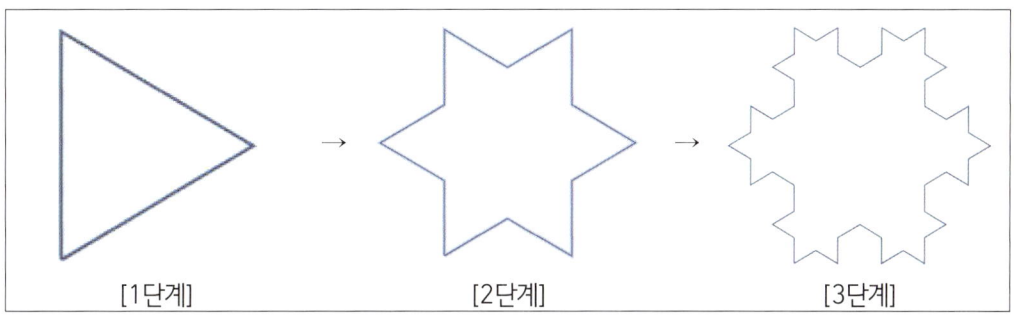

[1단계]　　　　　　　　　[2단계]　　　　　　　　　[3단계]

재귀함수는 하나의 함수가 자기자신을 계속 참조하며 호출하는 함수를 의미한다. 주로 재귀함수는 If문을 통해 무한히 반복되지 않고 조건을 만족하면 결과를 반환하고 종료하도록 정의한다.

코흐 프랙탈을 재현하기 위해 재귀함수를 사용하였다. koch1, koch2, koch3 함수를 모듈을 활용해서 직접 코딩하여 만든 후 2단계 코흐 프랙탈을 각 변의 길이를 1로 하여 코딩으로 나타내었다.

각각의 koch함수는 step(단계), l(한 변의 길이) , angle(진행방향의 각), p(시작점의 x좌표), q(시작점의 y좌표)에 대한 함수로서 시작점에서 출발하여 진행하고자 하는 방향으로 목표지점까지의 다각선을 그리는 역할을 하고 재귀함수로 표현되었다.

아래의 코딩은 number=0에서 시작하여 koch1, koch2, koch3함수를 정의하고 Append함수를 활용하여 snow1, snow2, snow3 을 정의하여 그간의 코딩을 실행해야 한다. 이 후 비로소 단계(n), 한 변의 길이(L)을 정하고 koch1, koch2, koch3 함수를 실행하며 Show함수를 통해 snowplot을 시연해야 정상적으로 의도한 코딩의 결과가 출력된다는 것에 유의하자.

```
number=0;
koch1[step_,l_,angle_,p1_,q1_]:=Module[{dx,dy,kochline},dx=l*Cos[angle];dy=l*Sin[angle];x1=p1;y1=q1;
  If[step>1,koch1[step-1,l,angle,x1,y1];
    koch1[step-1,l,angle+Pi/3,x1,y1];
    koch1[step-1,l,angle-Pi/3,x1,y1];
    koch1[step-1,l,angle,x1,y1],x2=x1+dx;y2=y1+dy;number=number+1];
  kochline=Graphics[{Thickness[0.02/n],Line[{{x1,y1},{x2,y2}}]},Axes->True];
```

```
    snow1=Append[snow1,kochline];snowplot1=snow1;
    x1=x2;y1=y2;]
koch2[step_,l_,angle_,p2_,q2_]:=Module[{dx,dy,kochline},dx=l*Cos[angle];dy=l*Sin[angle];x1=p2;y1=q2;
    If[step>1,koch2[step-1,l,angle,x1,y1];
     koch2[step-1,l,angle+Pi/3,x1,y1];
     koch2[step-1,l,angle-Pi/3,x1,y1];
     koch2[step-1,l,angle,x1,y1],x2=x1+dx;y2=y1+dy];
    kochline=Graphics[{Thickness[0.02/n],Line[{{x1,y1},{x2,y2}}]},Axes->True];
    snow2=Append[snow2,kochline];snowplot2=snow2;
    x1=x2;y1=y2;]
koch3[step_,l_,angle_,p3_,q3_]:=Module[{dx,dy,kochline},dx=l*Cos[angle];dy=l*Sin[angle];x1=p3;y1=q3;
    If[step>1,koch3[step-1,l,angle,x1,y1];
     koch3[step-1,l,angle+Pi/3,x1,y1];
     koch3[step-1,l,angle-Pi/3,x1,y1];
     koch3[step-1,l,angle,x1,y1],x2=x1+dx;y2=y1+dy];
    kochline=Graphics[{Thickness[0.02/n],Line[{{x1,y1},{x2,y2}}]},Axes->True];
    snow3=Append[snow3,kochline];snowplot3=snow3;
    x1=x2;y1=y2;]
snow1={};snow2={};snow3={};
n=2; L=1;
koch1[n,L,Pi/2,0,0];
koch2[n,L,-Pi/6,0,L*3^(n-1)];
koch3[n,L,-5*Pi/6,L*(3^(n-1))*Sqrt[3]/2,L*(3^(n-1))*(1/2)];
snowplot=Append[Append[snowplot1,snowplot2],snowplot3];
Show[snowplot,PlotLabel->Style["the number of edge="<>ToString[3*number]]]
```

≫ ≫ ≫

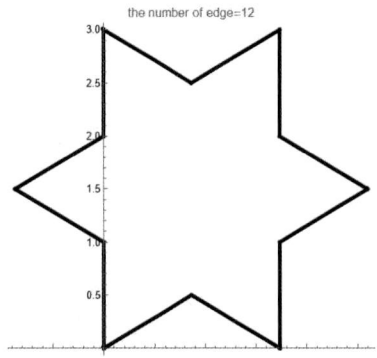

<보충설명>

위의 코딩에서 생성된 다각형 모양의 2단계(step, $n=2$) 눈송이는 한 변의 길이 L을 $L=1$로 설정하였다.

koch1 함수는 $(0,0)$에서 시작하여 동경 $\frac{\pi}{2}$ 방향으로 출발하여 $(0, L \cdot 3^{n-1})$까지 이동하는 자취를 생성한다.

koch2 함수는 $(0, L \cdot 3^{n-1})$에서 시작하여 동경 $-\frac{\pi}{6}$ 방향으로 출발하여 $(L \cdot 3^{n-1} \cdot \frac{\sqrt{3}}{2}, L \cdot 3^{n-1} \cdot \frac{1}{2})$까지 이동하는 자취를 생성한다.

koch3 함수는 $(L \cdot 3^{n-1} \cdot \frac{\sqrt{3}}{2}, L \cdot 3^{n-1} \cdot \frac{1}{2})$에서 시작하여 동경 $-\frac{5\pi}{6}$ 방향으로 출발하여 $(0,0)$ 까지 이동하는 자취를 생성한다.

모듈로 {x2,y2}추가 지정시 오류가 발생하니 유의하자.

Append 는 집합에 원소를 추가하는 형태로 사용되어지므로, 일반적으로 Graphics와 Graphics를 더하여 표현할 수는 없다. 하지만 최초의 집합을 {}와 같이 나타낼 경우는 Graphics와 Graphics를 서로 더하여 추가할 수 있다.

A={0,0}; B={1,0}; C1={2,−1}; C2={3,0}; C3={4,1}; C4={5,−1};

gf1=Graphics[{Red,Thickness[0.04],Line[{A,B}]}];

gf2=Graphics[{Blue,Line[{C1,C2}]}];

gf3=Graphics[{PointSize[0.1],Point[{C3,C4}]}];

g1=Append[{},gf1];

g2=Append[g1,gf2];

g3=Append[g2,gf3];

Show[g3,Axes−>True]

≫≫≫

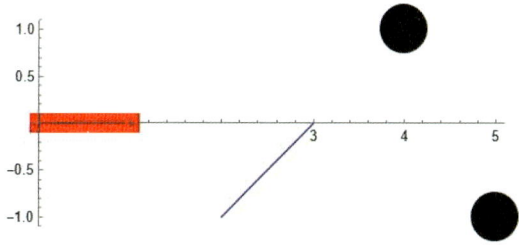

4. 이진트리 프랙탈

프랙탈 도형으로 이진트리를 코딩으로 만들어보도록 하자. 하나의 가지에서 두 개의 가지가 발생하는 나무 모양의 프랙탈을 이진트리라고 한다.

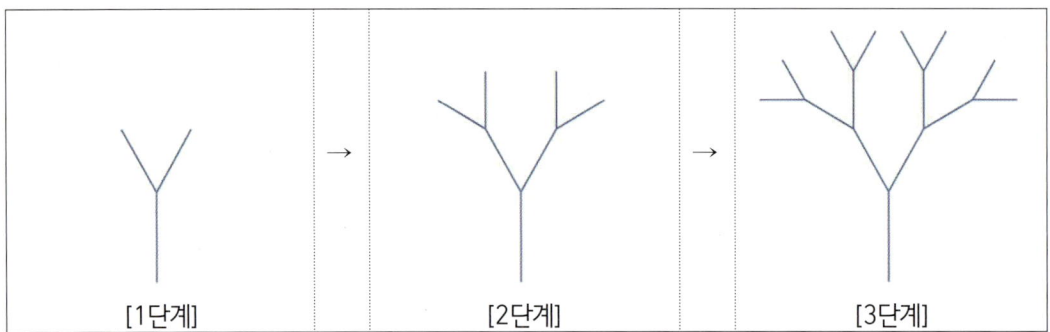

[1단계]　　　　　　　[2단계]　　　　　　　[3단계]

이진트리를 재현하기 위해 재귀함수를 사용하였다. BinaryTree 함수를 모듈을 활용해서 직접 코딩하여 만든 후 3단계(step) 이진트리를 밑기둥의 길이(length0)를 10, 밑기둥의 방향(angle)을 $\pi/2$, 분할가지의 길이축소비율(ratio)를 0.8, 분할가지의 진행방향(spread) $\pi/6$ 로 정한 후 코딩으로 나타내었다.

BinaryTree 함수는 원점에서 출발하여 도착하는 점들을 이어서 다각선을 그리는 역할을 하고 이는 재귀함수로 표현되었다. 아래의 코드는 이장훈(2012)(Mathematica GuideBook,교우사)를 참조하였다.

```
BinaryTree[step_,length0_,angle_,ratio_,spread_]:=Module[{dx,dy},dx=length0*Cos[angle];
    dy=length0*Sin[angle];
    x2=x1+dx;y2=y1+dy;

PartLine=Graphics[{Hue[Random[]],Thickness[0.002*(1+step)],Line[{{x1,y1},{x2,y2}}]
}];
    Tree1=Append[Tree1,PartLine];TreePlot1=Tree1;
    x1=x2;y1=y2;
    If[step>0,BinaryTree[step-1,length0*ratio,angle+spread,ratio,spread];
     BinaryTree[step-1,length0*ratio,angle-spread,ratio,spread];];
```

```
    x1=x1-dx;y1=y1-dy;
Show[TreePlot1,Axes->True,PlotLabel->
Style["the number of branches= "<>ToString[Length[TreePlot1]]]];
{x1,y1}={0,0};Tree1={};

BinaryTree[4,10,π/2,0.8,π/6]
```

≫≫≫

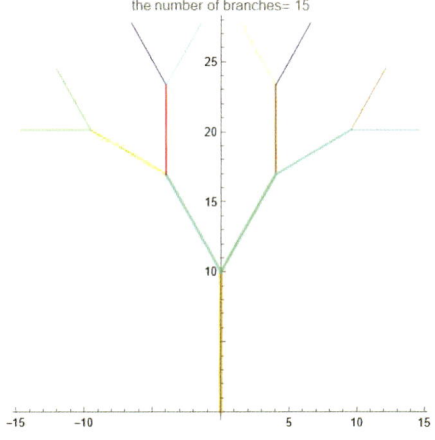

<보충설명>

앞으로(+)이동해서 선분이 그려질 때 마다 개수를 하나씩 더하는 구조이기에 뒤(-)로 이동하면서 돌아가는 과정에서는 선분이 그려지지 않음에 유의하자. Append 는 집합에 원소를 추가하는 형태로 사용되어지므로, 일반적으로 Graphics와 Graphics를 Append함수로 더하여 표현할 수는 없다. 하지만 최초의 집합을 {}와 같이 나타낼 경우는 Graphics와 Graphics를 서로 더하여 추가할 수 있다.

5. 시에르핀스키 삼각형

시에르핀스키 삼각형은 정삼각형의 중점을 이어서 만든 중점삼각형을 제외하고 나머지 주변의 삼각형에 대해서 동일한 조작을 반복하였을 때 생성되는 도형을 의미한다.

[1단계] [2단계] [3단계]

시에르핀스키 삼각형은 함수를 도형에 적용하는 Map과 반복함수의 결과를 출력하는 Nest함수를 활용하여 나타낼 수 있다. 여기서 Map함수는 Map[함수, 대상]의 형식으로 사용하고 Nest함수는 Nest[함수,반복대상,반복횟수]의 형식으로 사용한다.

아래의 코드는 이장훈(2012)(Mathematica GuideBook,교우사)를 참조하였다.

```
sierpinski[n_]:=Module[{},nexttriangle[Polygon[{r0_,r1_,r2_}]]:=N[{Polygon[{r0,(r0+r1)/2,(r0+r2)/2}],Polygon[{(r0+r1)/2,r1,(r1+r2)/2}],Polygon[{(r0+r2)/2,(r1+r2)/2,r2}]}];
    nexttriangle[TrianglePair_]:=Map[nexttriangle,TrianglePair];
    poly2D=Nest[nexttriangle,Polygon[{{0,0},{1/2,Sqrt[3]/2},{1,0}}],n];
Show[Graphics[poly2D],PlotLabel->
Style["the number of triangle= "<>ToString[3^n],Red]]];
Grid[{Table[sierpinski[i],{i,1,5,2}]}]
```

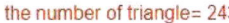

<보충설명>

Map은 리스트나 도형 등에 함수 f를 적용할 때 나타내는 결과를 출력하는 용도로서 Map[f,expr]꼴의 형태로 입력한다.

nexttriangle[Polygon[{r0_,r1_,r2_}]]:=N[{Polygon[.],Polygon[.],Polygon[.]}]; 에서 수치를 나타내는 N을 생략하고 nexttriangle[Polygon[{r0_,r1_,r2_}]]:={Polygon[.],Polygon[.],Polygon[.]}; 로 코드를 대체하여도 결과는 동일하다.

6. 카오스 게임

삼각형의 세 꼭짓점이 $O(0,0), A(1.5, 1.5\sqrt{3}), B(3,0)$인 정삼각형이 있다. 삼각형 내부의 한 점에서 시작하여 주사위를 던져서 내부의 한 점은 아래의 규칙에 따라 움직인다.

① $0(\mod 3)$가 나오면 : 좌측 아래 꼭짓점 O 까지의 거리의 반을 이동
② $1(\mod 3)$가 나오면 : 우측 아래 꼭짓점 B 까지의 거리의 반을
③ $2(\mod 3)$가 나오면 : 위쪽 꼭짓점 A 까지의 거리의 반을 이동

주사위를 무한히 던지면 시에르핀스키 삼각형의 모양을 생성하는데 이 게임을 카오스 게임이라고 한다. 카오스 게임에 대한 설명은

Peitgen 외(1991)(Fractals for the Classroom, 신인선 외 옮김, 경문사)를 참고하였다.

카오스 게임의 원리를 예를 들어서 설명해보자.

삼각형 내부의 시작점을 $x_0(2,1)$로 잡고, 첫 번째 주사위의 눈이 $0(\mod 3)$가 나왔다고 하자. 그러면 x_1의 좌표는 $\left(\dfrac{2+0}{2}, \dfrac{1+0}{2}\right)$가 나오므로

$x_1(1, 0.5)$이다. 이제 두 번째 주사위의 눈이 $1(\mod 3)$가 나왔다고 가정하자. 그러면 x_2의 좌표는 $\left(\dfrac{1+3}{2}, \dfrac{0.5+0}{2}\right)$이므로 $x_2(2, 0.25)$이다.

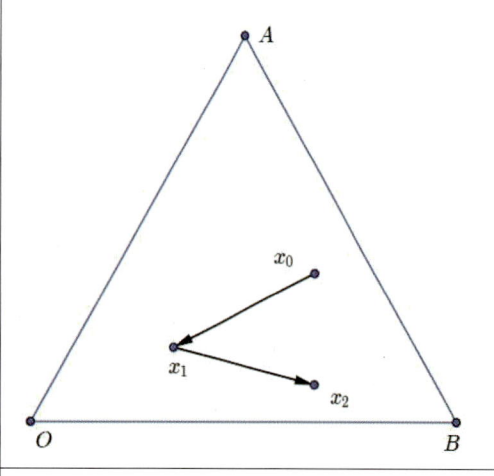

삼각형 내부의 점이 x_0에서 시작하여 주사위의 눈이 차례로 $0(\mod 3)(=3, 6)$, $1(\mod 3)(=1, 4)$가 나와서 점 x_0는 순차적으로 x_1, x_2로 이동

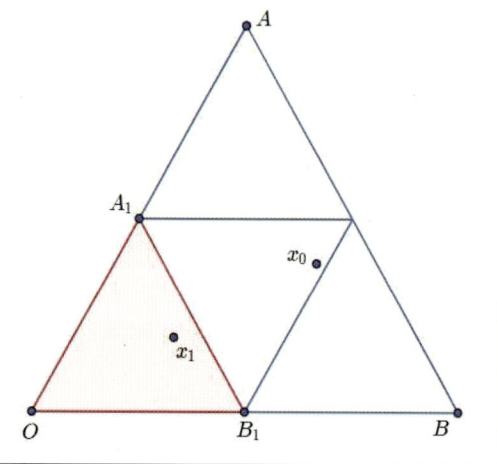

주사위 눈이 $0(\mod 3)(=3, 6)$이 나오면 △OAB 내부의 각 점이 △OA_1B_1의 내부로 이동.

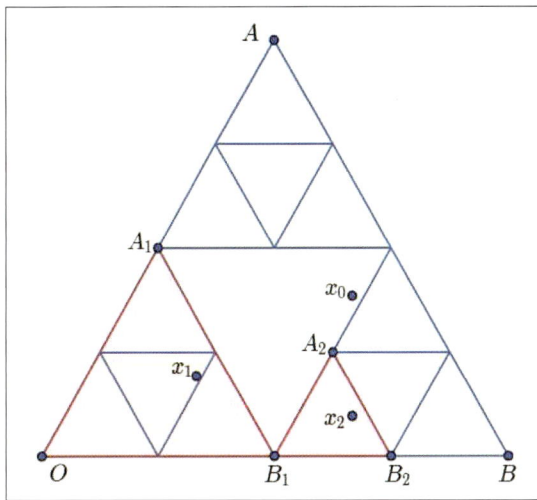 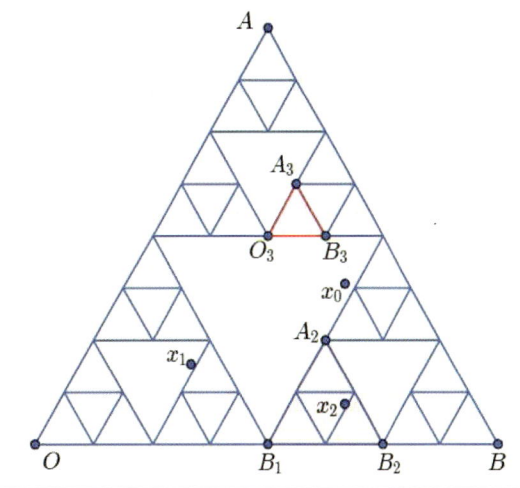

주사위 눈이 $1 (\bmod 3)(=1, 4)$이 나오면 $\triangle OA_1B_1$ 내부의 각 점이 $\triangle B_1B_2A_2$ 의 내부로 이동.	만약 주사위 눈이 $2 (\bmod 3)(=2, 5)$이 나오면 $\triangle B_1B_2A_2$ 내부의 점 x_2 는 $\triangle O_3A_3B_3$ 내부의 한 점으로 이동.

카오스 게임은 아래와 같이 코딩하여 재현할 수 있다.

```
f0[x_]:={x[[1]]/2,x[[2]]/2};
f1[x_]:={(x[[1]]+2)/2,x[[2]]/2};
f2[x_]:={(x[[1]]+1)/2,(x[[2]]+Sqrt[3])/2};
f[x_,i_]:=If[i==0,f0[x],If[i==1,f1[x],f2[x]]];
chaosgame[n_,start_]:=Module[{x},
randomint=RandomInteger[{0,2},n];pp={};
For[i=1,i<n+1,i++,x[1]=start;
x[i+1]=f[x[i],randomint[[i]]];
pp=Append[pp,x[i]];];
ListPlot[pp]];

chaosgame[300,{1,0}]
```

≫≫≫

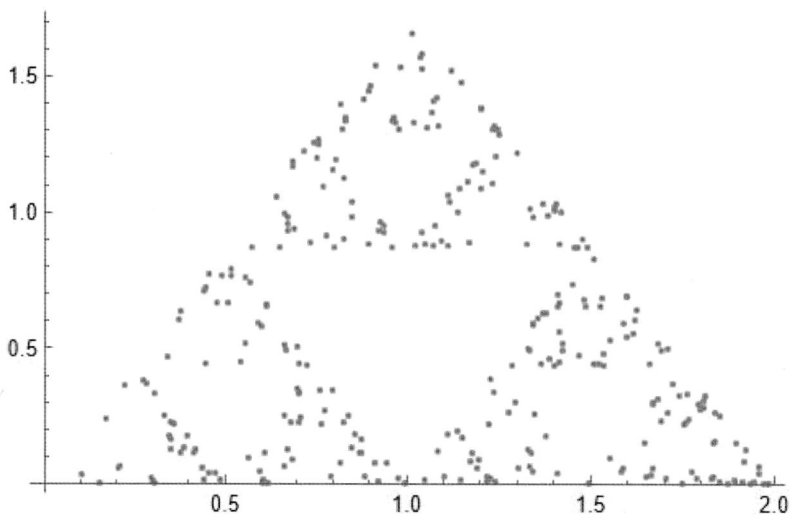

동일한 결과를 출력하도록 아래와 같이 코딩할 수도 있다.

아래에서는 [함수정의]-[무작위자연수추출]-[For문]-[리스트플랏] 의 방법을 활용하여 순차적으로 실행하고 있다.

```
f0[x_]:={x[[1]]/2,x[[2]]/2};
f1[x_]:={(x[[1]]+2)/2,x[[2]]/2};
f2[x_]:={(x[[1]]+1)/2,(x[[2]]+Sqrt[3])/2};
f[x_,i_]:=If[i==0,f0[x],If[i==1,f1[x],f2[x]]];
randomint=RandomInteger[{0,2},30]
pp={};
x={1,0};
For[i=1,i<30+1,i++,x=f[x,randomint[[i]]];pp=Append[pp,x];]
ListPlot[pp]
```

아래의 코딩 방법은 오류가 나타나므로 유의하자.

```
f0[x_]:={x[[1]]/2,x[[2]]/2};
f1[x_]:={(x[[1]]+2)/2,x[[2]]/2};
f2[x_]:={(x[[1]]+1)/2,(x[[2]]+Sqrt[3])/2};
f[x_,i_]:=If[i==0,f0[x],If[i==1,f1[x],f2[x]]];
chaosgame[n_,x_]:=Module[{},
randomint=RandomInteger[{0,2},n];pp={};
For[i=1,i<n+1,i++,pp=Append[pp,f[x,randomint[[i]]]];];
ListPlot[pp]];
chaosgame[30,{1,0}]
```

<보충설명>

위 코드는 n의 값이 커져도 점이 최대 3개까지만 출력된다. x={1,0}으로 지정을 하게 되면 반복을 수행할 때 {1,0}에 대해서 f0,f1,f2의 함수연산만 반복하기 때문이다.

아래의 코딩 또한 오류가 나타나므로 유의하자.

```
f0[x_]:={x[[1]]/2,x[[2]]/2};
f1[x_]:={(x[[1]]+2)/2,x[[2]]/2};
f2[x_]:={(x[[1]]+1)/2,(x[[2]]+Sqrt[3])/2};
f[x_,i_]:=If[i==0,f0[x],If[i==1,f1[x],f2[x]]];
chaosgame[n_,x_]:=Module[{},
randomint=RandomInteger[{0,2},n];pp={};
For[i=1,i<n+1,i++,x=f[x,randomint[[i]]];pp=Append[pp,x];];
ListPlot[pp]];
chaosgame[30,{1,0}]
```

<보충설명>

위의 코드는 실행시 x={1,0}으로 고정을 시켰기 때문에 n값에 관계없이 반복시에 항상 오류가 발생한다.

7. 수학적 확률과 통계적 확률

어떠한 사건이 일어나는 수학적 확률을 구하기 힘든 경우에는 통계적 확률이 사용된다. 통계적 확률은 운동선수의 경기 기록, 인터넷에서 추천한 식당이 실제 맛집일 확률 등 실생활의 통계나 엄밀한 수학적 증명이 힘든 실험에서 자주 사용된다.

> 어떤 시행을 n번 반복하여서 사건 A가 r_n번 발생하였다고 하자. n의 값을 상당히 크게 함에 따라 상대도수 $\dfrac{r_n}{n}$ 값이 일정한 값에 가까워질 때 이 값을 사건 A의 통계적 확률이라고 엄밀하게 정의할 수 있다. 큰 수의 법칙은 사건 A가 일어날 수학적 확률이 p일 때, 시행 횟수가 커짐에 따라 상대도수 $\dfrac{r_n}{n}$은 수학적 확률 p에 가까워진다는 것을 말한다.
> - 김원경 외(2022)(고등학교 확률과 통계(4쇄),비상)-

가. 순열을 활용한 줄 세우기의 확률

A, B, C, D, E 다섯 명이 일렬로 줄을 설 때,
맨 앞쪽에 A, 맨 뒤쪽에 E가 서게 될 확률을 계산해보자.
이론적으로 전체 경우의 수는 5!이며, 조건을 만족하도록 줄을 서는 경우의 수는 3! 이다.
따라서 구하고자 하는 확률은 $\dfrac{3!}{5!}=\dfrac{1}{20}$이다. 이 사건이 일어나게 되는 수학적 확률과 통계적 확률을 구해보자.

수학적 확률을 먼저 구해보자.
```
uset=Permutations[{1,2,3,4,5}];
connum=Count[uset,A_/;A[[1]]==1&&A[[5]]==5]
connum/Length[uset]
```
≫≫≫
$$6$$
$$\dfrac{1}{20}$$

이제 5000회 반복하여 사건이 일어나는 통계적 확률을 구해보자.
```
n=5000;
randomper=Table[RandomSample[Range[5]],{k,1,n}];
```

```
connum=Count[randomper,A_/;A[[1]]==1&&A[[5]]==5]
connum/n
N[connum/n]
```
≫≫≫

$$\frac{240}{6}$$
$$\frac{6}{125}$$
$$0.048$$

나. 중복순열을 활용한 윷 던지기의 확률

윷짝 1개를 던질 때 둥근면이 나올 확률을 0.4라고 하고, 윷짝 4개를 동시에 1번 던질 때 개가 나올 확률을 구해보자.

둥근면이 나올 확률이 0.4이므로 독립시행확률의 계산을 통해 개가 나올 확률은 다음과 같다.

$$_4C_2(0.4)^2(0.6)^2 = \frac{216}{625} \fallingdotseq 0.3456$$

수학적 확률을 먼저 구해보자.

```
A={1,1,2,2,2};
uset=Table[{A[[i]],A[[j]],A[[k]],A[[l]]},{i,1,5},{j,1,5},{k,1,5},{l,1,5}];
uset1=Flatten[uset,3];
thenumof1=Table[Count[uset1[[i]],u_/;u==1],{i,1,Length[uset1]}];
p=Count[thenumof1,u_/;u==2]/Length[uset1]
```
≫≫≫

$$\frac{216}{625}$$

1000 회 윷을 던져서 개가 나오는 통계적 확률을 구해보자.
둥근면은 끝자리수가 1인 수를 의미하고 편평한 면은 끝자리수가 2인 수를 의미하면 리스트 {1, 11, 2, 22, 222} 에서 끝자리가 1인수(=둥근면)이 나올 확률은 0.4가 된다. 코드는 아래와 같다.

```
n=1000;
randomchset=Table[RandomChoice[{1,11,2,22,222},4],{k,1,n}];
thenumof1=Table[Count[randomchset[[k]],u_/;Mod[u,10]==1],{k,1,n}];
p=Count[thenumof1,u_/;u==2]/n
```
≫≫≫

$$\frac{343}{1000}$$

다. 교란의 확률로부터 자연상수 예측하기

(1) 교란에 대한 수학적 확률과 자연상수

교란수열 $\{D_n\}$은 일대일대응 함수 f가 정의역과 공역이 각각 $\{1,2,3,\cdots,n\}$일 때 $f(i) \neq i$ $(i=1,2,\cdots,n)$인 조건을 만족하는 함수 f의 개수를 의미한다. 모자를 쓴 여러 명의 사람이 각자 자기의 모자를 맡겨놓고 다시 모자를 쓸 때 모든 사람이 타인의 모자를 쓰는 경우의 수를 의미할 때 주로 소개되는 개념이다.

$D_1 = 0, D_2 = 1, D_3 = 2$까지는 쉽게 알 수 있다. 하지만 n이 커짐에 따라 그 수열의 값을 알기는 쉽지 않다. 이 때는 교란수열 $\{D_n\}$에 대한 점화식을 사용해서 그 값을 알 수 있다. $n \geq 2$일때

$$D_n = (n-1)(D_{n-1} + D_{n-2}) \quad (D_1 = 0, D_2 = 1)$$

교란수열의 일반항은 아래와 같이 구할 수 있다.

$$D_n = (n-1)(D_{n-1} + D_{n-2})$$
$$D_n - nD_{n-1} = -\{D_{n-1} - (n-1)D_{n-2}\}$$
$$D_n - nD_{n-1} = (-1)^n$$
$$\frac{D_n}{n!} - \frac{D_{n-1}}{(n-1)!} = \frac{(-1)^n}{n!}$$
$$D_n = n!\left(\frac{1}{0!} - \frac{1}{1!} + \frac{1}{2!} - \frac{1}{3!} + \cdots + \frac{(-1)^n}{n!}\right)$$

이외에도 포함배제원리를 이용하여 교란수열의 일반항을 구할 수도 있으나 과정은 생략한다.

여기서 교란에 대한 수학적 확률은

$$\frac{D_n}{n!} = \frac{1}{0!} - \frac{1}{1!} + \frac{1}{2!} - \frac{1}{3!} + \cdots + \frac{(-1)^n}{n!} \quad \text{이고}$$

교란에 대한 수학적 확률은 극한은 오일러상수(자연상수)의 역수이다.

이것은 지수함수 e^x의 멱급수 전개 표현으로부터 알 수 있다.

지수함수 e^x은 모든 실수에서 $e^x = \sum_{n=0}^{\infty} \frac{1}{n!}x^n$ 과 같으므로 $x = -1$을 대입하면 $e^{-1} = \sum_{n=0}^{\infty} \frac{1}{n!}(-1)^n$ 을 얻을 수 있다. 따라서

$$\lim_{n \to \infty} \frac{D_n}{n!} = \lim_{n \to \infty}\left(\frac{1}{0!} - \frac{1}{1!} + \frac{1}{2!} - \frac{1}{3!} + \cdots + \frac{(-1)^n}{n!}\right) = \frac{1}{e}$$

(2) 교란의 통계적 확률과 자연상수 추정

아래의 코드에서는 $m=80$ 에 대한 랜덤순열을 500개를 추출하여 교란이 발생한 랜덤순열의 개수와 500에 대한 비를 구하여 교란에 대한 통계적 확률을 구하고 그 역수를 구하여 자연상수 e에 대한 근삿값을 구하였다. $m=80$ 에 대한 교란의 수학적 확률은 $\frac{1}{0!} - \frac{1}{1!} + \frac{1}{2!} - \frac{1}{3!} + \cdots + \frac{1}{80!}$ 이고 $m=80$ 이면 충분히 큰 수이므로 이 값은 거의 $\frac{1}{e}$ 에 근사한 값이다. 수학적 확률과 통계적 확률사이의 관계를 알려주는 큰 수의 법칙에 의하여 500회 실시하여 구한 교란의 통계적 확률은 $m=80$ 에 대한 교란의 수학적 확률과 근사할 확률이 상당히 높다. 따라서 500회 실시하여 구한 통계적 확률에 역수를 취하면 이 값은 자연상수e 에 대한 근삿값이 될 것이라고 결론을 내릴 수 있다.

```
m=80;
n=500;
randomper=Table[RandomSample[Range[m]],{k,1,n}];
randomper1=Table[ConstantArray[0,m],{k,1,n}];
For[i=1,i<n+1,i++,For[k=1,k<m+1,k++,If[randomper[[i,k]]==k,randomper1[[i,k]]=0,randomper1[[i,k]]=1]]];
result=Table[Product[randomper1[[i,k]],{k,1,m}],{i,1,n}];
derangementnumber=Count[result,1];
p=N[derangementnumber/n];
T1=Text[Style["generate random permutions with numbers from 1 to "<>ToString[m]],{1,0}];
T2=Text[Style["Number of derangement among "<>ToString[n]<>
" cases"<>"="<>ToString[derangementnumber]],{1,-0.5}];
T3=Text[Style["statistical probability of derangement ="<>ToString[p]],{1,-1}];
T4=Text[Style["expectation of e ="<>ToString[1/p]],{1,-1.5}];
Show[Graphics[{T1,T2,T3,T4}]]
```

≫≫≫

generate random permutions with numbers from 1 to80

Number of derangement among 500 cases=190

statistical probability of derangement =0.38

expectation of e =2.63158

(3) 교란의 통계적 확률과 자연상수의 근삿값 표로 나타내기

이제 실험 횟수를 1000회로 고정하여 다양하게 m을 변화시켜가며 m에 따른 교란의 통계적 확률을 표로 만들고 이로부터 자연상수(오일러상수)의 값을 추정해보도록 하자. 이 실험 결과로부터 얻은 자연상수의 근삿값은 실제 자연상수의 값과 차이가 날 수도 있다는 것에 유의하자. 코드는 아래와 같다.

```
prob[m_]:=Module[{randomper,randomper1,result,derangementnumber,p},
  n=1000;
  randomper=Table[RandomSample[Range[m]],{k,1,n}];
  randomper1=Table[ConstantArray[0,m],{k,1,n}];
For[i=1,i<n+1,i++,For[k=1,k<m+1,k++,If[randomper[[i,k]]==k,randomper1[[i,k]]=0,randomper1[[i,k]]=1]]];
  result=Table[Product[randomper1[[i,k]],{k,1,m}],{i,1,n}];
  derangementnumber=Count[result,1];
  p=N[derangementnumber/n];
  {m,p,1/p}]
 list=Table[{prob[k][[1]],prob[k][[2]],prob[k][[3]]},{k,50,1850,200}];
```

```
TableForm[list,TableHeadings->{{"Estimation of", "Euler's constant",
"using statistical probability"},{"m","probability","approximation value of e"}}]
```
≫≫≫

	m	probability	approximation value of e
Estimation of	50	0.367	2.63158
Euler's constant	250	0.373	2.6738
using statistical probability	450	0.373	2.68097
	650	0.341	2.77778
	850	0.381	2.5974
	1050	0.376	2.7933
	1250	0.354	2.5641
	1450	0.367	2.57732
	1650	0.386	2.89017
	1850	0.34	2.65957

라. 몬테카를로 방법을 활용한 도형의 넓이

몬테카를로 방법은 무작위로 추출된 수를 활용하여 함수의 값을 근사하게 추정하는 방법으로 주로 도형의 넓이를 구할 때 사용된다.

몬테카를로 방법을 활용하여 함수 $y = \sin x$에 대하여 $0 \le x \le \pi$에서 함수의 그래프와 x축이 이루는 도형의 넓이를 구하고자 한다.

아래의 코딩에서는 먼저 ftarea라고 이름 붙인 함수를 변수 a,b,n에 따라 정의하였다. 좌표평면 $[a,b] \times [0,1]$에 무작위로 n개 생성한 점이 사인함수 그래프의 위에 포함된 것인지 아래에 포함된 것인지 여부를 조사하고 각자의 영역에 포함된 점의 갯수를 계산하여 통계적 확률의 개념에 기반한 도형의 넓이를 계산하여 표시하도록 지역변수를 활용하여 ftarea함수를 정의한다. ftarea함수를 정의한 코딩을 실행을 먼저 하여 완료한다. 그 이후에 {a,b,n}의 값을 각각 입력하여 ftarea함수를 실행하여야 결과를 출력할 수 있다.

```
f[x_]:=Sin[x];
ftarea[{x,a_,b_},n_]:=Module[{},bd=Plot[f[x],{x,a,b},Filling->Axis];
  randompt=Table[{RandomReal[{a,b}],RandomReal[{0,1}]},{i,1,n}];
  ftval=Table[f[randompt[[i,1]]],{i,1,n}];
  pyval=Table[randompt[[i,2]],{i,1,n}];
  inout[i_]:=1/;ftval[[i]]>=pyval[[i]];
  inout[i_]:=0/;ftval[[i]]<pyval[[i]];
  inoutset=Table[inout[i],{i,1,n}];
```

```
    color={};

For[i=1,i<n+1,i++,If[inoutset[[i]]==1,color=Append[color,Red],color=Append[color,Blue
]];];

pointplot=Graphics[{PointSize[0.02],Table[{color[[i]],Point[randompt[[i]]]},{i,1,n}]},
Axes->True];
    tharea=N[Integrate[f[x],{x,a,b}]];
    innumber=Count[inoutset,1];
    outnumber=Count[inoutset,0];
    stprob=N[innumber/n];
    starea=N[(b-a)*stprob];
   T1=Text[Style["interval="<>ToString[{a,b},StandardForm]<>",           y     =
Sin[x]",11],{1.5,-1}];
   T2=Text[Style["number="<>ToString[n],11],{1.5,-2}];
T3=Text[Style["innumber="<>ToString[innumber],11],{1.5,-3}];
T4=Text[Style["outnumber="<>ToString[outnumber],11],{1.5,-4}];
T5=Text[Style["statistical probability="<>ToString[stprob],11],{1.5,-5}];
T6=Text[Style["statistical area="<>ToString[starea],11],{1.5,-6}];
T7=Text[Style["theoretical area="<>ToString[tharea],11],{1.5,-7}];
Grid[{{Show[{Graphics[bd],Graphics[pointplot]},ImageSize->300]},{Show[Graphics[{
T1,T2,T3,T4,T5,T6,T7}]]}}]]

ftarea[{x,0,Pi},30]
≫≫≫
```

매스매티카로 다양한 프로그램 만들기

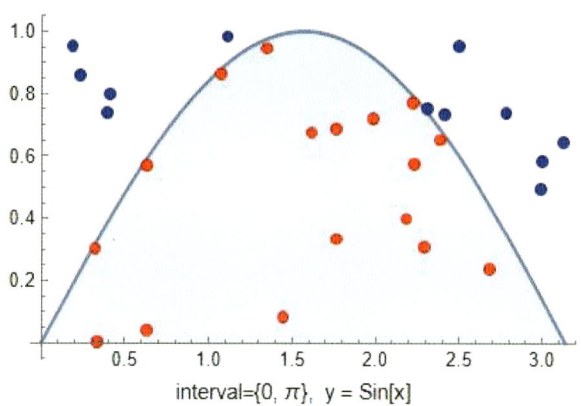

interval={0, π}, y = Sin[x]

number=30

innumber=18

outnumber=12

statistical probability=0.6

statistical area=1.88496

theoretical area=2.

<보충설명>

위의 코드는 2행1열의 격자 그래픽을 Grid[{ {Show[그래프,점들]},{Show[텍스트들]} }]의 형태로 나타낸 것이다.

텍스트를 문자열로 이어서 나타낼 때는 Text[Style[문자열,글자크기],위치]의 형태로 코드를 작성할 수 있다. {표현식1,문자,표현식2}을 문자열의 형태로 이어서 출력하고자 하면 Graphics[Text[ToString[표현식1]<>"문자"<>ToString[표현식2],위치]]의 형태로 코딩할 수 있다.

8. 최소제곱법

가. 최소제곱법의 이론

　최소제곱법(the least square method)은 일련의 데이터(실제 관측된 해)로부터 근사적으로 구하려는 해의 방정식과 데이터 간 오차제곱의 합이 최소가 되게 하는 해의 방정식을 구하는 방법이다.

　최소제곱법에 대한 설명은 이상구 외(1998)(선형대수학과 응용, 경문사)를 참고하였다.

　주어진 데이터 순서쌍 $(x_1, y_1), (x_2, y_2), \cdots (x_n, y_n)$에 가장 오차가 적은 직선 $y = a + bx$를 구해보자.

$a + bx_i = y_i \ (i = 1, \cdots, n)$

$$\vec{x} = \begin{pmatrix} a \\ b \end{pmatrix} \ , \ A = \begin{pmatrix} 1 & x_1 \\ 1 & x_2 \\ \vdots & \vdots \\ 1 & x_n \end{pmatrix} \ , \ \vec{b} = \begin{pmatrix} y_1 \\ y_2 \\ \vdots \\ y_n \end{pmatrix}$$

$A^t A \vec{x} = A^t \vec{b}$ 을 풀면

$$\begin{pmatrix} 1 & 1 & \cdots & 1 \\ x_1 & x_2 & \cdots & x_n \end{pmatrix} \begin{pmatrix} 1 & x_1 \\ 1 & x_2 \\ \vdots & \vdots \\ 1 & x_n \end{pmatrix} \begin{pmatrix} a \\ b \end{pmatrix} = \begin{pmatrix} 1 & 1 & \cdots & 1 \\ x_1 & x_2 & \cdots & x_n \end{pmatrix} \begin{pmatrix} y_1 \\ y_2 \\ \vdots \\ y_n \end{pmatrix}$$

$$na + \left(\sum_{i=1}^{n} x_i\right) b = \sum_{i=1}^{n} y_i$$

$$a\left(\sum_{i=1}^{n} x_i\right) + b\left(\sum_{i=1}^{n} x_i^2\right) = \sum_{i=1}^{n} x_i y_i$$ 가 나오는데 이것은

오차의 제곱인 $\sum_{i=1}^{n}(E_i)^2 = \sum_{i=1}^{n}[y_i - (a + bx_i)]^2$을 최소화하는 직선을 결정하기 위한 조건이다.

　때로는 최적 직선을 구할 때 오차가 너무 커지는 경우가 있는데, 이 경우에는 최적 2차 함수 혹은 최적 3차 함수를 구할 수도 있다.

　주어진 데이터 순서쌍 $(x_1, y_1), (x_2, y_2), \cdots, (x_n, y_n)$에 가장 오차가 적은 k차 다항식 $y = a_0 + a_1 x + a_2 x^2 + \cdots + a_k x^k$을 을 구하는 방법은 다음과 같다.

$$Ax = \begin{pmatrix} 1 & x_1 & x_1^2 & \cdots & x_1^k \\ 1 & x_2 & x_2^2 & \cdots & x_2^k \\ \vdots & \vdots & \vdots & \ddots & \vdots \\ 1 & x_n & x_n^2 & \cdots & x_n^k \end{pmatrix} \begin{pmatrix} a_0 \\ a_1 \\ \vdots \\ a_k \end{pmatrix} = \begin{pmatrix} y_1 \\ y_2 \\ \vdots \\ y_n \end{pmatrix} = b$$

이 후 $A^t A \vec{x} = A^t \vec{b}$에서 유일한 해 $\vec{x} = (a_0, a_1, a_2, \cdots, a_n)$를 구할 수 있다.

나. 최소제곱법을 활용한 최적해

최소제곱법을 활용하여 최적해의 방정식을 구해보도록 하자.

매스매티카 내장함수인 LeastSquares함수를 직접 사용하거나 행렬곱과 Solve함수를 함께 사용하는 두 가지 코딩 방법이 있다.

행렬 $\begin{pmatrix} a & b & c & d \\ e & f & g & h \end{pmatrix}$ 는 {{a,b,c,d},{e,f,g,h}}로 표현됨을 참고한다.

(1) 네 점을 지나는 최적인 직선

$(-1, 2), (1, 4), (2, 6), (4, 12)$를 지나는 최적인 직선의 방정식을 최소제곱법을 활용해서 구해보자.

$$\begin{pmatrix} 1 & 1 & 1 & 1 \\ -1 & 1 & 2 & 4 \end{pmatrix} \begin{pmatrix} 1 & -1 \\ 1 & 1 \\ 1 & 2 \\ 1 & 4 \end{pmatrix} \begin{pmatrix} a \\ b \end{pmatrix} = \begin{pmatrix} 1 & 1 & 1 & 1 \\ -1 & 1 & 2 & 4 \end{pmatrix} \begin{pmatrix} 2 \\ 4 \\ 6 \\ 12 \end{pmatrix}$$

를 풀면 $a = 3, b = 2$ 이므로

$y = 3 + 2x$이다.

코딩을 하면 아래와 같다. 먼저 두 행렬간 곱을 나타내는 방법을 잠시 설명하겠다.

두 벡터 u, v의 내적을 u.v로 나타내듯이 두 행렬 A, B의 곱 또한 A.B로 나타낸다. 하지만 벡터 $\vec{u}$가 $\vec{u} = (a, b)$와 같을 때 이것을 벡터로 정의({a,b})할 수도 있고 행렬로 정의({{a},{b}})할 수도 있음에 유의하자.

```
A={{1,-1},{1,1},{1,2},{1,4}};
vecb={{2},{4},{6},{12}};
x={{a},{b}};
Solve[Transpose[A].A.x==Transpose[A].vecb]
```

≫≫≫
      {{a->3,b->2}}

최소제곱법을 통한 최적인 직선의 방정식은 $y = 3 + 2x$ 이다.

LeastSquares 함수를 사용하여 달리 코딩해보자.
LeastSquares 함수는 LeastSquares[m,b]의 형식으로 사용할 수 있는데 이는 방정식 $mx = b$ 을 $m^T m x = m^T b$을 통해 최소제곱법으로 도출되는 해를 출력한다.
m={{1,-1},{1,1},{1,2},{1,4}};
b={{2},{4},{6},{12}};
LeastSquares[m,b]

≫≫≫
      {{3},{2}}

최소제곱법을 통한 최적인 직선의 방정식은 $y = 3 + 2x$ 이다.

(2) 네 점을 지나는 최적인 포물선

$(-2, 6), (-1, 0), (1, 8), (2, 17)$을 지나는 최적인 이차곡선의 방정식을 최소제곱법을 활용해서 구해보자.

$$\begin{pmatrix} 1 & 1 & 1 & 1 \\ -2 & -1 & 1 & 2 \\ 4 & 1 & 1 & 4 \end{pmatrix} \begin{pmatrix} 1 & -2 & 4 \\ 1 & -1 & 1 \\ 1 & 1 & 1 \\ 1 & 2 & 4 \end{pmatrix} \begin{pmatrix} a \\ b \\ c \end{pmatrix} = \begin{pmatrix} 1 & 1 & 1 & 1 \\ -2 & -1 & 1 & 2 \\ 4 & 1 & 1 & 4 \end{pmatrix} \begin{pmatrix} 6 \\ 0 \\ 8 \\ 17 \end{pmatrix}$$

를 풀면 $a = \dfrac{3}{2}, b = 3, c = \dfrac{5}{2}$ 이므로

$y = \dfrac{3}{2} + 3x + \dfrac{5}{2} x^2$ 이다.

A={{1,-2,4},{1,-1,1},{1,1,1},{1,2,4}};
vecb={{6},{0},{8},{17}};
x={{a},{b},{c}};
Solve[Transpose[A].A.x==Transpose[A].vecb]

≫≫≫
      $\left\{\left\{a \to \dfrac{3}{2}, b \to 3, c \to \dfrac{5}{2}\right\}\right\}$

최소제곱법을 통한 최적인 포물선의 방정식은 $y = \dfrac{3}{2} + 3x + \dfrac{5}{2}x^2$ 이다.

LeastSquares 함수를 사용하여 달리 코딩해보자.
```
m={{1,-2,4},{1,-1,1},{1,1,1},{1,2,4}};
b={{6},{0},{8},{17}};
LeastSquares[m,b]
```
≫≫≫
```
           {{3/2},{3},{5/2}}
```
최소제곱법을 통한 최적인 포물선의 방정식은 $y = \dfrac{3}{2} + 3x + \dfrac{5}{2}x^2$ 이다.

다. Fit함수를 활용한 최적해

Fit[데이터, 기저함수, 변수] 꼴로 입력하여 데이터를 기저함수들의 선형결합으로 표현한다. 최소제곱법의 원리를 이용해 기저함수만을 사용하여 최적해를 찾아낼 수 있다. 아래의 예시 코드를 살펴보도록 하자.

(예시1)

네 점 $(-1, 2), (1, 4), (2, 6), (4, 12)$ 을 지나는 최적인 직선 $y = a + bx$ 꼴의 식을 찾고자 한다. 코드는 아래와 같다.
```
data={{-1,2},{1,4},{2,6},{4,12}};
A=Fit[data,{1,x},x]
f[t_]:=A/.x->t
f[t]
```
≫≫≫
```
        3. +2. x
        3. +2. t
```

(예시2)

네 점 $(-2, 6), (-1, 0), (1, 8), (2, 17)$ 을 지나는 최적인 포물선 $y = a + bx + cx^2$ 꼴의 식을 찾고자 한다. 코드는 아래와 같다.
```
data={{-2,6},{-1,0},{1,8},{2,17}};
A=Fit[data,{1,x,x^2},x]
f[t_]:=A/.x->t
```

f[t]

≫≫≫

      $1.5 + 3.\,x + 2.5\,x^2$

      $1.5 + 3.\,t + 2.5\,t^2$

(예시3)

세 점 $(0, \frac{5}{2}), (\pi, -3), (\frac{\pi}{2}, 2)$을 지나는 최적인 $y = a\sin x + b\cos x$ 꼴의 식을 찾고자 한다. 코드는 아래와 같다.

```
data={{0,5/2},{Pi,-3},{Pi/2,2}};
A=Fit[data,{Sin[x],Cos[x]},x]
f[t_]:=A/.x->t
f[t]
```

≫≫≫

    2.75 Cos[x]+2. Sin[x]

    2.75 Cos[t]+2. Sin[t]

라. FindFit함수를 활용한 최적해

FindFit[데이터, 함수,매개변수,변수] 꼴로 입력하여 데이터를 지정한 함수에서 최소제곱의 원리에서 매개변수를 찾아낸다. 기저함수의 선형결합으로만 표현할 수 있는 Fit함수보다는 더 넓은 범위로 사용할 수 있다. 아래의 예시 코드를 살펴보도록 하자.

(예시1)

네 점 $(-2, 6), (-1, 0), (1, 8), (2, 17)$ 을 지나는 최적인 포물선 $y = a + bx + cx^2$ 꼴의 식을 찾고자 한다. 코드는 아래와 같다.

```
data={{-2,6},{-1,0},{1,8},{2,17}};
A=FindFit[data,a+b*x+c*x^2,{a,b,c},x]
f[t_]:=a+b*t +c*t^2/.A
f[t]
```

≫≫≫

    {a->1.5,b->3.,c->2.5}

    $1.5 + 3.\,t + 2.5 t^2$

(예시2)

네 점 $(0, 1)$, $(1, \ln 2e)$, $(2, \ln 3e)$, $(3, \ln 4e)$을 지나는 최적인 곡선 $y = a \cdot \ln(bx + c)$ 꼴의 식을 찾고자 한다. 코드는 아래와 같다.

```
data={{0,1},{1,Log[2*E]},{2,Log[3E]},{3,Log[4E]}};
A=FindFit[data,a*Log[b*x+c],{a,b,c},x]
f[t_]:=a*Log[b*t+c]/.A
f[t]
=
```

≫≫≫
    {a->1.,b->2.71828,c->2.71828}
    1. Log[2.71828 +2.71828 t]

9. 보간다항식

$n+1$개의 점을 지나는 곡선을 n차 이하의 다항식으로 표현하는 것을 다항식에 의해 보간한다고 한다. 함수의 근삿값을 찾기 위해 수치해석적 접근을 하는 방법이 보간법이다.

라그랑지와 뉴턴의 보간다항식에 대한 내용은 오언정(2006)(보간다항식과 Bernstein 다항식의 비교, 인제대학교 교육대학원 석사학위논문)을 참고하였다.

가. 라그랑지 보간다항식

보간법의 개념은 라그랑지가 처음 소개했다고 알려져 있다.

각 x_i가 모두 다른 $n+1$개의 평면상의 점 $(x_0, y_0), (x_1, y_1), \cdots, (x_n, y_n)$이 있을 때, 함수 $f(x)$가 $f(x_i) = y_i$ $(i=0, 1, 2, \cdots, n)$을 만족한다고 하자.

n개의 점 $(x_0, y_0), (x_1, y_1), \cdots, (x_n, y_n)$에 대한 n차 이하의 보간다항식 $P_n(x)$는 아래와 같다.

$P_n(x) = y_0 L_0(x) + y_1 L_1(x) + \cdots + y_n L_n(x)$이며, 여기서

$$L_i(x) = \frac{(x-x_0)(x-x_1)\cdots(x-x_{i-1})(x-x_{i+1})\cdots(x-x_n)}{(x_i-x_0)(x_i-x_1)\cdots(x_i-x_{i-1})(x_i-x_{i+1})\cdots(x_i-x_n)} \quad (i=0,1,2,\cdots,n)$$

$$L_i(x_j) = \begin{cases} 1 & (i=j) \\ 0 & (i \neq j) \end{cases}$$

라그랑지 보간다항식은

$x_0 < x_1 < x_2 < \cdots < x_n$일 때, $c \in (x_0, x_n)$에 대해 $f(c)$의 근삿값을 구하는데 이용된다. 아래 세 개의 예시를 살펴보자.

(예시1) $y = f(x) = \dfrac{1}{1-x}$ 위의 두 점 $(0, 1), (0.5, 2)$을 지나는 선형보간함수 $P_1(x)$는

$$P_1(x) = y_0 \frac{x-x_1}{x_0-x_1} + y_1 \frac{x-x_0}{x_1-x_0} = 2x+1$$

두 점 $(0,1), (0.5, 2)$에 대한 선형보간함수 $P_1(x)$는 $c \in (0, 0.5)$에 대해 $f(c)$의 값을 $P_1(c)$로 근사하여 계산하는 데 사용된다.

(예시2) $y = f(x) = \sin x$위의 세 점 $(0.1, 0.0998), (0.2, 0.1987), (0.3, 0.2955)$에 대한 보

간함수 $P_2(x)$는

$$P_2(x) = y_0 \frac{(x-x_1)(x-x_2)}{(x_0-x_1)(x_0-x_2)} + y_1 \frac{(x-x_0)(x-x_2)}{(x_1-x_0)(x_1-x_2)} + y_2 \frac{(x-x_0)(x-x_1)}{(x_2-x_0)(x_2-x_1)}$$

$$= -0.105x^2 + 1.0205x - 0.0012$$

세 점 $(0.1, 0.0998), (0.2, 0.1987), (0.3, 0.2955)$ 에 대한 보간함수 $P_2(x)$는

$c \in (0.1, 0.3)$에 대해 $f(c)$의 값을 $P_2(c)$로 근사하여 계산하는데 사용된다.

또한 위에서 구한 라그랑지 보간다항식 $P_2(x)$과 매쓰매티카의 Interpolation 함수를 3개의 점에 대해 적용한 결과가 동일함을 아래의 코드를 통해 확인할 수 있다(F[x]와 P2[x]는 모양이 겹쳐진다).

```
f[x_]:=Sin[x];
A={0.1,0.2,0.3};
B=Table[{A[[i]],f[A[[i]]]},{i,1,3}]
F[x_]:=Interpolation[B][x]
P2[x_]:=-0.105 x^2+1.0205x-0.0012
Plot[{F[x],P2[x]},{x,0.1,0.3},PlotLegends->{"F[x]","P2[x]"}]
```

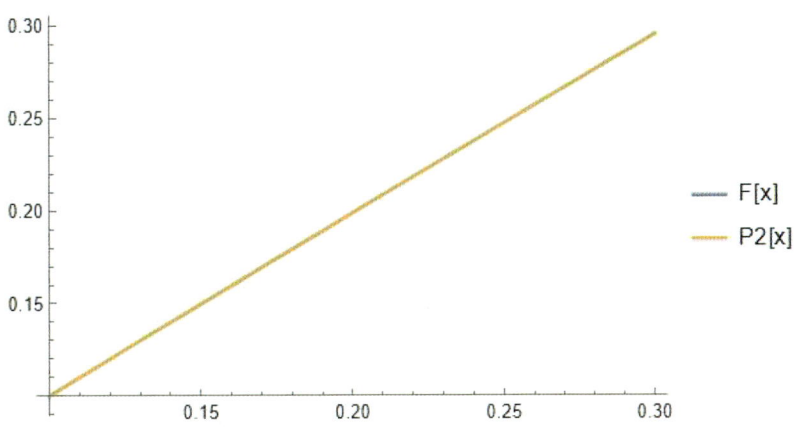

<보충설명>

위의 코드에서 Interpolation[B][x]로 정의된 함수 F[x]는 실수전체에서 정의된 것이 아니라 [0.1, 0.3]에서 정의된 함수이므로

F[x]의 식을 출력하였을 때 P2[x]의 식처럼 이차함수로 나타나지 않음에 유의하자.

(예시2) 4개의 데이터 (x_0, y_0), (x_1, y_1), (x_2, y_2), (x_3, y_3) 로 만든 보간다항식 $P_3(x)$는 다음과 같다.

$$P_3(x) = y_0 \frac{(x-x_1)(x-x_2)(x-x_3)}{(x_0-x_1)(x_0-x_2)(x_0-x_3)} + y_1 \frac{(x-x_0)(x-x_2)(x-x_3)}{(x_1-x_0)(x_1-x_2)(x_1-x_3)}$$

$$+ y_2 \frac{(x-x_0)(x-x_1)(x-x_3)}{(x_2-x_0)(x_2-x_1)(x_2-x_3)} + y_3 \frac{(x-x_0)(x-x_1)(x-x_2)}{(x_3-x_0)(x_3-x_1)(x_3-x_2)}$$

나. 뉴턴 보간다항식

이것은 차분상(divided difference)을 이용한 보간법이다.

유계구간 $[a, b]$에서의 연속함수 $f(x)$가 정의되고 서로 다른 x_0, x_1에 대해 $f(x)$의 1차분상 (1st order divided difference) $f[x_0, x_1]$을 아래와 같이 정의하자.

$$f[x_0, x_1] = \frac{f(x_1) - f(x_0)}{x_1 - x_0} \quad (a \leq x_0, x_1 \leq b).$$

서로 다른 x_0, x_1, x_2에 대해 $f(x)$의 2차분상(2nd order divided difference) $f[x_0, x_1, x_2]$를 아래와 같이 정의하자.

$$f[x_0, x_1, x_2] = \frac{f[x_1, x_2] - f[x_0, x_1]}{x_2 - x_0} \quad (a \leq x_0, x_1, x_2 \leq b)$$

$f[x_0, x_1, x_2]$를 정의를 이용하여 정리하면 다음과 같다.

$$f[x_0, x_1, x_2] = \frac{\frac{f(x_2)-f(x_1)}{x_2-x_1} - \frac{f(x_1)-f(x_0)}{x_1-x_0}}{x_2 - x_0} \quad (a \leq x_0, x_1, x_2 \leq b)$$

이와 유사하게 서로 다른 $n+1$개의 수 $x_0, x_1, \cdots, x_n$에 대하여

$f(x)$의 n차분상(nth order divided difference) $f[x_0, x_1, \cdots, x_n]$를 아래와 같이 정의할 수 있다.

$$f[x_0, x_1, \cdots, x_n] = \frac{f[x_1, \cdots, x_n] - f[x_0, \cdots, x_{n-1}]}{x_n - x_0} \quad (a \leq x_0, x_1, x_2, \cdots, x_n \leq b)$$

이제 유계구간 $[a, b]$에서의 연속함수 $f(x)$를 정의할 때,

$Q_1(x) = f(x_0) + (x - x_0)f[x_0, x_1]$

$Q_2(x) = f(x_0) + (x - x_0)f[x_0, x_1] + (x - x_0)(x - x_1)f[x_0, x_1, x_2]$

$Q_n(x) = f(x_0) + (x-x_0)f[x_0, x_1] + \cdots + (x-x_0)(x-x_1)\cdots(x-x_{n-1})f[x_0, x_1, \cdots, x_n]$

으로 약속하면 $Q_k(x)$는 아래의 관계식을 만족하도록 귀납적으로 정의가능하다.

$Q_{k+1}(x) = Q_k(x) + (x-x_0)(x-x_1)\cdots(x-x_k)f[x_0, x_1, \cdots, x_{k+1}]$

$(a \leq x_i \leq b, i = 0, 1, \cdots, n)$

여기서

$Q_1(x_i) = f(x_i) \ (i = 0, 1)$

($Q_1(x)$는 점 $(x_i, f(x_i)) \ (i = 0, 1)$을 보간하는 다항식)

$Q_2(x_i) = f(x_i) \ (i = 0, 1, 2)$

($Q_2(x)$는 점 $(x_i, f(x_i)) \ (i = 0, 1, 2)$을 보간하는 다항식)

$Q_k(x_i) = f(x_i) \ (i = 0, 1, \cdots, k)$

($Q_k(x)$는 점 $(x_i, f(x_i)) \ (i = 0, 1, \cdots, k)$을 보간하는 다항식)

$Q_n(x_i) = f(x_i) \ (i = 0, 1, \cdots, n)$

($Q_n(x)$는 점 $(x_i, f(x_i)) \ (i = 0, 1, \cdots, n)$을 보간하는 다항식)

이다. 여기서 $Q_k(x)$를 k차의 뉴턴 보간다항식이라고 한다. 뉴턴 보간다항식은 라그랑지 보간다항식과 모양은 다르지만 같은 다항식이다.

아래의 예시를 통해 뉴턴 보간다항식을 귀납적으로 구해보자.

(예시) $f(x) = \sin x$에 대해 서로 다른 4개의 x값

$x_0 = 0.81, x_1 = 0.82, x_3 = 0.83, x_4 = 0.84$에 대해 $f(x)$를 보간하는 다항식 $Q_3(x)$를 귀납적으로 구해보자.

x	$f(x)$	$DD1$ (1차분상)	$DD2$ (2차분상)	$DD3$ (3차분상)
0.81 $=x_0$	0.7243 $=f(x_0)$			
0.82 $=x_1$	0.7311 $=f(x_1)$	$f[x_0,x_1]$ $=0.6859$		
0.83 $=x_2$	0.7379 $=f(x_2)$	$f[x_1,x_2]$ $=0.6786$	$f[x_0,x_1,x_2]$ $=\dfrac{f[x_1,x_2]-f[x_0,x_1]}{x_2-x_0}$ $=-0.3656$	
0.84 $=x_3$	0.7446 $=f(x_3)$	$f[x_2,x_3]$ $=0.6712$	$f[x_1,x_2,x_3]$ $=\dfrac{f[x_2,x_3]-f[x_1,x_2]}{x_3-x_1}$ $=-0.3690$	$f[x_0,x_1,x_2,x_3]$ $=\dfrac{f[x_1,x_2,x_3]-f[x_0,x_1,x_2]}{x_3-x_0}$ $=-0.1131$

수치를 대입하면

$Q_1(x) = f(x_0) + (x-x_0)f[x_0,x_1] = 0.168721 + 0.6859x$

$Q_2(x) = Q_1(x) + (x-x_0)(x-x_1)f[x_0,x_1,x_2] = -0.0741105 + 1.28183x - 0.3656x^2$

$Q_3(x) = Q_2(x) + (x-x_0)(x-x_1)(x-x_2)f[x_0,x_1,x_2,x_3]$
$\quad\quad\quad = -0.0117601 + 1.05369x - 0.087374x^2 - 0.1131x^3$

위에서 1차분상의 정의를 이용하는 대신 아래와 같이 미분계수의 근삿값을 써서 각 차분상들의 값을 순차적으로 근사한 후 계산하기도 한다.

$$f[x_i, x_{i+1}] \fallingdotseq f'\left(\frac{x_i + x_{i+1}}{2}\right)$$

예를 들면,

$$f[x_0, x_1] = f'\left(\frac{x_0+x_1}{2}\right) \quad, f[x_1,x_2,x_3] = \frac{f'\left(\frac{x_2+x_3}{2}\right) - f'\left(\frac{x_1+x_2}{2}\right)}{x_3 - x_1}$$

이제 차분상의 성질을 살펴보도록 하자.

(1) 차분상의 성질

유계구간 $[a,b]$에서의 연속이고 n번 미분가능한 함수 $f(x)$를 정의하자. 서로 다른 $x_0, x_1, \cdots, x_n$에 대해 편의상 $a \leq x_0 < x_1 < x_2 < \cdots < x_n \leq b$ 라고 가정하자.

(가) $f(x)$의 1차분상 $f[x_0, x_1]$

평균값 정리에 의하여

$$f[x_0, x_1] = \frac{f(x_1) - f(x_0)}{x_1 - x_0} = f'(c)$$ 를 만족하는

실수 c가 (x_0, x_1)에서 존재한다.

(나) $f(x)$의 2차분상 $f[x_0, x_1, x_2]$

$$f[x_0, x_1, x_2] = \frac{f[x_1, x_2] - f[x_0, x_1]}{x_2 - x_0}$$ 에 대하여

$g(x) = Q_2(x) - f(x) = 0$ $(x = x_0, x_1, x_2)$ 이므로

평균값 정리에 의하여 $g'(x_{01}) = g'(x_{12}) = 0$을 만족하는 실수 x_{01}, x_{12}가 존재하며

이들은 $a \leq x_0 < x_{01} < x_1 < x_{12} < x_2 \leq b$ 을 만족한다.

한번 더 평균값 정리를 적용하면

$g''(c) = 0$ 인 c가 (x_0, x_2)에서 존재한다.

$$Q_2''(x) = \{f(x_0) + (x - x_0)f[x_0, x_1] + (x - x_0)(x - x_1)f[x_0, x_1, x_2]\}''$$
$$= 2f[x_0, x_1, x_2]$$

이므로

$$f[x_0, x_1, x_2] = \frac{f''(c)}{2} \quad (c \in (x_0, x_2))$$ 이다.

(다) $f(x)$의 n차분상 $f[x_0, x_1, \cdots, x_n]$

평균값 정리를 n번 적용하면 $f[x_0, x_1, \cdots, x_n] = \dfrac{1}{n!}f^{(n)}(c) \quad (c \in (x_0, x_n))$

이 성립한다.

(2) 보간다항식의 오차

유계구간 $[a,b]$에서의 연속이고 $n+1$번 미분가능한 함수 $f(x)$를 정의하자. 서로 다른 $x_0, x_1, \cdots, x_{n+1}$에 대해 $f(x)$를 보간하는 다항식을 $P_{n+1}(x)$라 하자. 보간다항식열

$\{P_i(x)\}$은 귀납적으로 정의되고

$P_{n+1}(x) = P_n(x) + (x-x_0)\cdots(x-x_n)f[x_0, x_1, \cdots, x_{n+1}]$ 이다.

$f(x_{n+1}) = P_{n+1}(x_{n+1}) = P_n(x_{n+1}) + (x_{n+1}-x_0)\cdots(x_{n+1}-x_n)f[x_0, x_1, \cdots, x_{n+1}]$

$x_{n+1} = t$ 로 놓으면

$f(t) - P_n(t) = (t-x_0)\cdots(t-x_n)f[x_0, x_1, \cdots, x_n, t]$

$(x_i, t \in [a,b], \ i=0,1,2,\cdots,n)$

$f[x_0, x_1, \cdots, x_n, t] = \dfrac{1}{(n+1)!}f^{(n+1)}(c) \quad (c \in (x_{min}, x_{max}))$ 이므로

(단, $x_{min} = \min\{x_0, x_1, \cdots, x_n, t\}$, $x_{max} = \max\{x_0, x_1, \cdots, x_n, t\}$)

오차는 $|f(t) - P_n(t)| = \dfrac{|(t-x_0)\cdots(t-x_n) \cdot f^{(n+1)}(c)|}{(n+1)!}$

(3) 재귀함수 코딩을 활용한 보간다항식 찾기

재귀함수를 사용하면 3차 이상의 보간다항식을 찾는 과정을 간단히 코딩하여 제작할 수 있다. $f(x) = \sin x$에 대해 서로 다른 4개의 x값 $x_0 = 0.81$, $x_1 = 0.82$, $x_3 = 0.83$, $x_4 = 0.84$에 대해 $f(x)$를 보간하는 다항식 $Q_3(x)$를 매쓰메티카의 재귀함수를 사용하여 구하고자 한다.

아래에 제작된 코드에서 dd[i,j]는 차분상 $f[x_i, x_{i+1}, \cdots, x_j]$을 의미한다. 예를 들면 dd[0,1]은 $f[x_0, x_1]$을 의미하고 dd[1,3]은 $f[x_1, x_2, x_3]$를 의미한다. 또한 $i=0,1,2,3$ 에 대해 x_i는 A[[i+1]] 를 의미하고 $f(x_i)$는 B[[i+1]]을 의미함에 유의하고 코드를 살펴보자.

```
f[x_]:=Sin[x];
A={0.81,0.82,0.83,0.84};
B={f[0.81],f[0.82],f[0.83],f[0.84]};
dd[a_,b_]:=If[Abs[a-b]>1,(dd[a+1,b]-dd[a,b-1])/(A[[b+1]]-A[[a+1]]),(B[[b+1]]-B[[a+1]])/(A[[b+1]]-A[[a+1]])];
Q[n_,x_]:=B[[1]]+Sum[Product[(x-A[[k]]),{k,1,l}]*dd[0,l],{l,1,n}];
list=Table[{i,Simplify[Q[i,x]]},{i,1,3}];
TableForm[list,TableHeadings->{{"newton's","interpolating","polynomial"},{"i","Q[i,x]"}}]
```

≫≫≫

	i	Q[i,x]
newton's	1	$0.168736 + 0.685866 \, x$
interpolating	2	$-0.0740754 + 1.28174 \, x - 0.36557 \, x^2$
polynomial	3	$-0.0117297 + 1.05363 \, x - 0.087365 \, x^2 - 0.113091 \, x^3$

<보충설명>

위의 코딩에서 Simplify 함수를 사용하여 깔끔하게 정리하는 것이 보기에 편리하다.

(4) Interpolation 함수를 활용한 보간다항식 함수 그리기

매스매티카의 Interpolation 함수를 활용하여 보간한 함수를 그려보자.

(가) 세 점에 대한 이차함수 보간

세 점 $(0,2), (1,4), (2,8)$을 지나는 이차함수로 보간다항식을 만들어보자.

```
A={{0,2},{1,4},{2,8}};
B=Interpolation[A]
Plot[{B[t]},{t,0,3}]
```

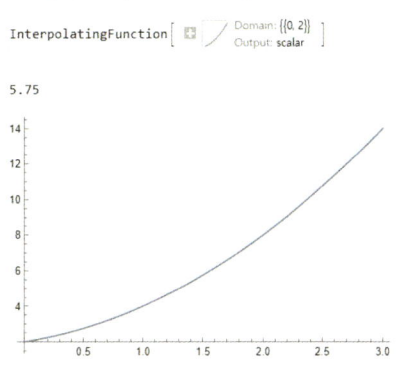

<보충설명>

실제로 $y = B[t]$의 식은 정의역을 실수로 확장하였을 때 $y = B[t] = t^2 + t + 2$와 같다.

라그랑지 보간법은 n개의 점으로 만든 보간다항식으로 n개의 점 사이에 속하는 다른 점에서의 함수값을 추정하는 용도로 사용하므로 n개의 점 밖에 속하는 점에 대해서 함수값을 추정할 때는 다른 방법을 사용하는 것이 관례이다.

(나) 여러 점에 대한 보간

   7개의 점 $(1,2),(2,1),(3,3),(4,5),(5,8),(6,4),(7,4)$ 에 대한 보간다항식을 만들어보자.

   이 조건에서는 점들의 x좌표가 자연수이고 1부터 7까지 순차적으로 증가하므로 y값들을 하나의 data 리스트로 만들어서 보간할 수 있다.

```
data={2,1,3,5,8,4,4};
f=Interpolation[data]
Show[ListPlot[data],Plot[f[x],{x,1,8}]]
```

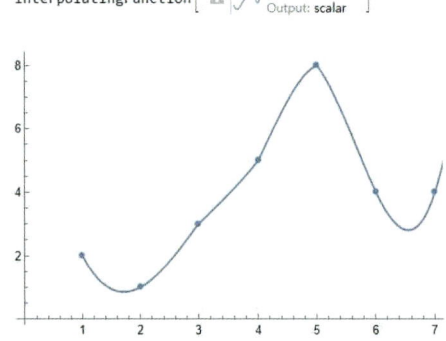

(다) 소수(prime)에 대한 데이터를 보간

   $(n, nth\ prime)$에 대한 30개의 데이터를 가지고 다항함수 $y=f(x)$으로 보간하자. 그리고 FindFit 함수를 이용하여 이 데이터에 적합한 $y=ax\log(b+cx)$함수가 되도록 매개변수를 정하여 $y=g(x)$로 만들고 두 그래프를 비교하고자 한다.

   Wolfram Language Documentation Center 의 코드를 참고하였다.

```
data=Table[Prime[x],{x,1,30}]
A=FindFit[data,a*x*Log[b+c*x],{a,b,c},x]
g[t_]:=a*t*Log[b+c*t]/.A
g[t]
f=Interpolation[data]
Show[ListPlot[data],Plot[{f[t],g[t]},{t,1,30},PlotLegends->{"y=f[t]","y=g[t]"}]]
```

{2, 3, 5, 7, 11, 13, 17, 19, 23, 29, 31, 37, 41, 43,
 47, 53, 59, 61, 67, 71, 73, 79, 83, 89, 97, 101, 103, 107, 109, 113}

{a → 0.95566, b → -0.293763, c → 1.96701}

0.95566 t Log[-0.293763 - 1.96701 t]

InterpolatingFunction[Domain: {{1, 30}} Output: scalar]

10. 룬지-쿠타 방법

룬지-쿠타 방법은 도함수와 초기값이 주어져 있을 때 미분방정식을 수치적 방법을 통해 해결할 수 있는 방법을 말한다. 이 방법은 1900년 경 룬지와 쿠타가 발견하였다.

수식을 통해 룬지-쿠타 방법에 대해 설명해보자.

가. 룬지-쿠타 방법의 이론

$\frac{dy}{dx} = f(x, y)$, $y(a) = b$ 일 때, $y(a+h)$를 구할 때 룬지-쿠타 방법을 사용하면 상당히 의미 있는 근삿값을 계산할 수 있다.

함수의 근삿값을 구하는 방법은 1차 룬지-쿠타 방법에서 4차 룬지-쿠타 방법이 있다. 1차 룬지-쿠타 방법을 오일러의 방법이라고 하고 4차 룬지-쿠타 방법이 실제로 룬지와 쿠타가 발견한 방법이다.

룬지-쿠타 방법의 이론은 Adam E.Parker(2022)(Runge-Kutta4(and other numerical methods for ODE's))을 참고하였다.

룬지-쿠타 방법을 이해하기 위해서 연쇄법칙과 테일러급수 전개로부터 얻을 수 있는 아래의 식부터 살펴보자.

$$\frac{dy^2}{d^2x} = f_x + ff_y, \quad \frac{dy^3}{d^3x} = f_{xx} + 2ff_{xy} + f^2 f_{yy} + f_x f_y + f(f_y)^2$$

$$\frac{dy^4}{d^4x} = f_{xxx} + 3f_x f_{xy} + f_{xx} f_y + f_x (f_y)^2 + 3ff_{xxy} + 5ff_{xy} f_y + 3ff_x f_{yy} + 3f^2 f_{xyy}$$

$$+ 4f^2 f_y f_{yy} + f^3 f_{yyy} + f(f_y)^3$$

$$\Delta y = y'(x)\Delta x + \frac{y''(x)(\Delta x)^2}{2!} + \frac{y^{(3)}(x)(\Delta x)^3}{3!} + \frac{y^{(4)}(x)(\Delta x)^4}{4!} + \cdots$$

이제 Δ', Δ'', Δ''', Δ'''' 을 아래와 같이 정의하도록 하자.

$\Delta' = f(x, y)\Delta x$

$\Delta'' = f(x + \kappa\Delta x, y + \kappa\Delta')\Delta x$

$\Delta''' = f(x + \lambda\Delta x, y + \rho\Delta'' + (\lambda - \rho)\Delta')\Delta x$

$\Delta'''' = f(x + \mu\Delta x, y + \sigma\Delta''' + \tau\Delta'' + (\mu - \sigma - \tau)\Delta')\Delta x$

(1) 1차 룬지-쿠타 방법

1차 룬지쿠타 방법은 오일러의 방법을 말하며 미분계수의 정의로부터 직접 얻을 수 있다.

$$\Delta y = a \Delta' = a f(x, y) \Delta x \ (a = 1)$$

(2) 2차 룬지-쿠타 방법

(가) 2차 룬지-쿠타 방법

2차 룬지-쿠타 방법은 아래의 조건을 만족시키는 매개변수를 정하여 Δy를 구하는 방법이다.

$$\Delta y = a\Delta' + b\Delta'' = af(x,y)\Delta x + bf(x+\kappa h, y+\kappa \Delta')\Delta x$$
$$(a+b=1,\ b\kappa = \frac{1}{2})$$

(나) 2차 룬지-쿠타 방법의 유도

$y'(x) = f(x, y)$ 이고

$$y'' = f_x + f_y y', \quad \Delta y = y'(x)\Delta x + \frac{y''(x)(\Delta x)^2}{2!}$$

$$\Delta' = f(x,y)\Delta x = f\Delta x,$$

$$\Delta'' = f(x+\kappa\Delta x, y+\kappa\Delta')\Delta x = (f + f_x \kappa \Delta x + f_y \kappa \Delta')\Delta x$$
$$= f\Delta x + \kappa f_x (\Delta x)^2 + \kappa f f_y (\Delta x)^2 \text{ 이므로}$$

$$\Delta y = a\Delta' + b\Delta'' = af\Delta x + b(f + f_x \kappa \Delta x + f_y \kappa \Delta')\Delta x$$
$$= af\Delta x + b[f\Delta x + \kappa f_x(\Delta x)^2 + \kappa f f_y(\Delta x)^2]$$

$\Delta y = f\Delta x + \dfrac{(f_x + f_y f)}{2}(\Delta x)^2$ 이므로 계수를 비교하면

$a+b=1$, $b\kappa = \dfrac{1}{2}$ 을 얻는다.

(3) 3차 룬지-쿠타 방법

(가) 3차 룬지-쿠타 방법

3차 룬지-쿠타 방법은 아래의 조건을 만족시키는 매개변수를 정하여 Δy를 구하는 방법이다.

$$\Delta y = a\Delta' + b\Delta'' + c\Delta'''$$

$$= af(x,y)\Delta x + bf(x+\kappa\Delta x, y+\kappa\Delta')\Delta x + cf(x+\lambda\Delta x, y+\rho\Delta''+(\lambda-\rho)\Delta')\Delta x$$

$(a+b+c=1,\ b\kappa+c\lambda=\dfrac{1}{2},\ b\kappa^2+c\lambda^2=\dfrac{1}{3},\ c\rho\kappa=\dfrac{1}{6})$ 에서

$$\rho = \frac{\lambda(\lambda-\kappa)}{\kappa(2-3\kappa)},\ a = \frac{6\kappa\lambda-3(\kappa+\lambda)+2}{6\kappa\lambda},\ b = \frac{2-3\lambda}{6\kappa(\kappa-\lambda)},\ c = \frac{2-3\kappa}{6\lambda(\lambda-\kappa)}$$

이고 가장 대표적으로 사용되는 3차 룬지쿠타방법은 $\kappa = \dfrac{1}{2},\ \lambda = 1$인

$$\Delta y = \frac{\Delta' + 4\Delta'' + \Delta'''}{6},\ \Delta' = f(x,y)\Delta x,\ \Delta'' = f(x+\frac{1}{2}\Delta x, y+\frac{1}{2}\Delta')\Delta x$$

$$\Delta''' = f(x+\Delta x, y+2\Delta''-\Delta')\Delta x$$

$(\kappa = \dfrac{1}{2},\ \lambda = 1,\ a = \dfrac{1}{6},\ b = \dfrac{4}{6},\ c = \dfrac{1}{6},\ \rho = 2)$

(나) 매스매티카를 이용한 매개변수 구하기

매쓰매티카의 Solve 함수를 활용하여 3차 룬지-쿠타 방법의 매개변수를 다음과 같이 구할 수 있다.

```
eq1=a+b+c==1
eq2=b*k + c*v==1/2
eq3=b*k^2 + c*v^2 == 1/3
eq4=c*p*k==1/6
k=1/2;
v=1;
Solve[{eq1,eq2,eq3,eq4},{a,b,c,p}]
```

≫≫≫

$$a + b + c == 1$$

$$b\,k + c\,v == \frac{1}{2}$$

$$b\,k^2 + c\,v^2 == \frac{1}{3}$$

$$c\,k\,p == \frac{1}{6}$$

$$\left\{\left\{a \to \frac{1}{6},\ b \to \frac{2}{3},\ c \to \frac{1}{6},\ p \to 2\right\}\right\}$$

(다) 3차 룬지-쿠타 방법의 유도

$y'(x) = f(x,y)$ 이므로

$$y'' = f_x + f_y y', \quad y''' = (f_x + f_y y')' = f_{xx} + 2ff_{xy} + f^2 f_{yy} + f_x f_y + f(f_y)^2$$

$$\Delta y = y'(x)\Delta x + \frac{y''(x)(\Delta x)^2}{2!} + \frac{y^{(3)}(x)(\Delta x)^3}{3!}$$

$$\Delta' = f(x,y)\Delta x$$

$$\Delta'' = f(x + \kappa\Delta x, y + \kappa\Delta')\Delta x$$

$$= (f + f_x \kappa\Delta x + f_y \kappa\Delta')\Delta x + \frac{1}{2}\{f_{xx}\kappa(\Delta x)^2 + 2f_{xy}(\kappa\Delta x)(\kappa\Delta') + f_{yy}(\kappa\Delta')^2\}$$

$$= (f + f_x \kappa \Delta x + f_y \kappa f \Delta x)\Delta x + \frac{1}{2}\{f_{xx}\kappa(\Delta x)^2 + 2f_{xy}(\kappa\Delta x)(\kappa f\Delta x) + f_{yy}(\kappa f\Delta x)^2\}\Delta x$$

위에서 좌측식은 Δx에 대한 2차 전개식이고, 우측식은 Δx에 대한 3차 전개식이다.

$$\Delta''' = f(x + \lambda\Delta x, y + \rho\Delta'' + (\lambda - \rho)\Delta')\Delta x$$
$$= \{f + f_x\lambda\Delta x + f_y(\rho\Delta'' + (\lambda - \rho)\Delta')\}\Delta x$$
$$+ \frac{1}{2}\{f_{xx}(\lambda\Delta x)^2 + 2f_{xy}(\lambda\Delta x)(\rho\Delta'' + (\lambda - \rho)\Delta') + f_{yy}(\rho\Delta'' + (\lambda - \rho)\Delta')^2\}\Delta x$$

위 식에서 $\Delta' = f\Delta x$, $\Delta'' = f\Delta x + \kappa f_x(\Delta x)^2 + \kappa f f_y(\Delta x)^2$ 을 대입한 후 Δx에 대한 4차 이상의 식을 무시하고 3차까지의 식만을 전개하면 아래의 식을 얻게 된다.

$$\Delta''' = f\Delta x + \lambda f_x(\Delta x)^2 + \kappa\rho f_x f_y(\Delta x)^3 + \kappa\rho f(f_y)^2(\Delta x)^3 + \lambda f f_y(\Delta x)^2$$
$$+ \frac{1}{2}\lambda^2 f_{xx}(\Delta x)^3 + \lambda^2 f f_{xy}(\Delta x)^3 + \frac{1}{2}\lambda^2 f^2 f_{yy}(\Delta x)^3.$$

$$\Delta y = a\Delta' + b\Delta'' + c\Delta'''$$
$$= af(x,y)\Delta x + bf(x + \kappa\Delta x, y + \kappa\Delta')\Delta x + cf(x + \lambda\Delta x, y + \rho\Delta'' + (\lambda - \rho)\Delta')\Delta x$$
$$= af\Delta x + b(f + f_x\kappa\Delta x + f_y\kappa f\Delta x)\Delta x$$
$$+ \frac{b}{2}\{f_{xx}(\kappa\Delta x)^2 + 2f_{xy}(\kappa\Delta x)(\kappa f\Delta x) + f_{yy}(\kappa f\Delta x)^2\}\Delta x$$
$$+ c\{f\Delta x + \lambda f_x(\Delta x)^2 + \kappa\rho f_x f_y(\Delta x)^3 + \kappa\rho f(f_y)^2(\Delta x)^3 + \lambda f f_y(\Delta x)^2$$
$$+ \frac{1}{2}\lambda^2 f_{xx}(\Delta x)^3 + \lambda^2 f f_{xy}(\Delta x)^3 + \frac{1}{2}\lambda^2 f^2 f_{yy}(\Delta x)^3\}$$

이와 동시에

$$\Delta y = y'(x)\Delta x + \frac{y''(x)(\Delta x)^2}{2!} + \frac{y^{(3)}(x)(\Delta x)^3}{3!}$$
$$= f\Delta x + (f_x + ff_y)\frac{(\Delta x)^2}{2!} + \{f_{xx} + 2ff_{xy} + f^2 f_{yy} + f_x f_y + f(f_y)^2\}\frac{(\Delta x)^3}{3!}$$

이 성립한다. 두 식의 계수를 서로 비교해보자.

$$a + b + c = 1,\ b\kappa + c\lambda = \frac{1}{2},\ b\kappa^2 + c\lambda^2 = \frac{1}{3},\ c\rho\kappa = \frac{1}{6}\ \text{에서}$$

$$\rho = \frac{\lambda(\lambda - \kappa)}{\kappa(2 - 3\kappa)},\ a = \frac{6\kappa\lambda - 3(\kappa + \lambda) + 2}{6\kappa\lambda},\ b = \frac{2 - 3\lambda}{6\kappa(\kappa - \lambda)},\ c = \frac{2 - 3\kappa}{6\lambda(\lambda - \kappa)}$$

이고 가장 대표적으로 사용되는 3차 룬지-쿠타 방법은 $\kappa = \frac{1}{2}$, $\lambda = 1$인

$$\Delta y = \frac{\Delta' + 4\Delta'' + \Delta'''}{6},\ \Delta' = f(x, y)\Delta x,\ \Delta'' = f(x + \frac{1}{2}\Delta x, y + \frac{1}{2}\Delta')\Delta x$$

$$\Delta''' = f(x+\Delta x, y+2\Delta'' - \Delta')\Delta x$$
$$(\kappa = \frac{1}{2}, \lambda = 1, a = \frac{1}{6}, b = \frac{4}{6}, c = \frac{1}{6}, \rho = 2)$$

매스매티카를 활용하면 위 식처럼 복잡한 계산을 비교적 수월하게 결과식을 얻을 수 있다. 여기서는 $\Delta' = d1$, $\Delta'' = d2$, $\Delta''' = d3$,

$f_x = fx$, $f_y = fy$, $f_{xx} = fxx$, $f_{yy} = fyy$, $f_{xy} = fxy$

$\kappa = k$, $\lambda = v$, $\rho = p$ 로 문자를 대체하여 코딩을 작성하였다.

```
d1=f*dx;
d2=(f+(fx)*k*dx+fy*k*f*dx)*dx+((k^2)*(fxx)+2*(k^2)*f*fxy+(k^2)*(f^2)*fyy)*((dx)^3)/2;
d3 = ( f + f x * v * d x + f y * ( p * d 2 + ( v - p ) * d 1 ) ) * d x + ( ( f x x ) * ( v * d x ) ^ 2
+2*(fxy)*(v*dx)*(p*d2+(v-p)*d1)+(fyy)*(p*d2+(v-p)*d1)^2)*dx/2;
Expand[d3]
```

dx f + dx³ fx fy k p − dx³ f fy² k p − ½ dx⁴ fxx fy k² p − dx⁴ f fxy fy k² p − ½ dx⁴ f² fy fyy k² p − ½ dx⁵ fx² fyy k² p² + dx⁵ f fx fy fyy k² p² − ½ dx⁵ f² fy² fyy k² p² + ½ dx⁶ fx fxx fyy k³ p² − dx⁶ f fx fxy fyy k³ p² − dx⁶ f fxx fy fyy k³ p² − dx⁶ f² fxy fy fyy k³ p² − ½ dx⁶ f² fx fyy² k³ p² + ½ dx⁶ f³ fy fyy² k³ p² + ⅛ dx⁷ fxx² fyy k⁴ p² − ½ dx⁷ f fxx fxy fyy k⁴ p² − ½ dx⁷ f² fxy² fyy k⁴ p² − ¼ dx⁷ f² fxx fyy² k⁴ p² + ½ dx⁷ f³ fxy fyy² k⁴ p² + ⅛ dx⁷ f⁴ fyy³ k⁴ p² − dx² fx v + dx² f fy v + dx⁴ fx fxy k p v − dx⁴ f fxy fy k p v − dx⁴ f fx fyy k p v − dx⁴ f² fy fyy k p v − ½ dx⁵ fxx fxy k² p v − dx⁵ f fxy² k² p v − ½ dx⁵ f fxx fyy k² p v − ³⁄₂ dx⁵ f² fxy fyy k² p v − ½ dx⁵ f³ fyy² k² p v − ½ dx³ fxx v² − dx³ f fxy v² + ½ dx³ f² fyy v²

> <보충설명>
> 위의 코드에서 입력한 수식대로 계산된 결과인 d3 보다 d3를 계산하여 풀어쓴 Expand[d3]이 보기가 편하므로 Expand 함수를 사용하였다.

```
d1=f*dx;
d2=(f+(fx)*k*dx+fy*k*f*dx)*dx+((k^2)*(fxx)+2*(k^2)*f*fxy+(k^2)*(f^2)*fyy)*((dx)^3)/2;
d3 = ( f + f x * v * d x + f y * ( p * d 2 + ( v - p ) * d 1 ) ) * d x + ( ( f x x ) * ( v * d x ) ^ 2
+2*(fxy)*(v*dx)*(p*d2+(v-p)*d1)+(fyy)*(p*d2+(v-p)*d1)^2)*dx/2;
Expand[a*d1+b*d2+c*d3]
```

≫ ≫ ≫

매스매티카를 활용한 수학 물리 놀이하기 1

$a\,dx\,f + b\,dx\,f + c\,dx\,f + b\,dx^2\,fx\,k + b\,dx^2\,f\,fy\,k + \frac{1}{2}b\,dx^3\,fxx\,k^2 + b\,dx^3\,f\,fxy\,k^2 + \frac{1}{2}b\,dx^3\,f^2\,fyy\,k^2 + c\,dx^3\,fx\,fy\,k\,p +$
$c\,dx^3\,f\,fy^2\,k\,p + \frac{1}{2}c\,dx^4\,fxx\,fy\,k^2\,p + c\,dx^4\,f\,fxy\,fy\,k^2\,p + \frac{1}{2}c\,dx^4\,f^2\,fy\,fyy\,k^2\,p + \frac{1}{2}c\,dx^5\,fx^2\,fyy\,k^2\,p^2 +$
$c\,dx^5\,f\,fx\,fy\,fyy\,k^2\,p^2 + \frac{1}{2}c\,dx^5\,f^2\,fy^2\,fyy\,k^2\,p^2 + \frac{1}{2}c\,dx^6\,fx\,fxx\,fyy\,k^3\,p^2 + c\,dx^6\,f\,fx\,fxy\,fyy\,k^3\,p^2 +$
$\frac{1}{2}c\,dx^6\,f\,fxx\,fy\,fyy\,k^3\,p^2 + c\,dx^6\,f^2\,fxy\,fy\,fyy\,k^3\,p^2 + \frac{1}{2}c\,dx^6\,f^2\,fx\,fyy^2\,k^3\,p^2 + \frac{1}{2}c\,dx^6\,f^3\,fy\,fyy^2\,k^3\,p^2 +$
$\frac{1}{8}c\,dx^7\,fxx^2\,fyy\,k^4\,p^2 + \frac{1}{2}c\,dx^7\,f\,fxx\,fxy\,fyy\,k^4\,p^2 + \frac{1}{2}c\,dx^7\,f^2\,fxy^2\,fyy\,k^4\,p^2 + \frac{1}{4}c\,dx^7\,f^2\,fxx\,fyy^2\,k^4\,p^2 +$
$\frac{1}{2}c\,dx^7\,f^3\,fxy\,fyy^2\,k^4\,p^2 + \frac{1}{8}c\,dx^7\,f^4\,fyy^3\,k^4\,p^2 + c\,dx^2\,fx\,v + c\,dx^2\,f\,fy\,v + c\,dx^4\,fx\,fxy\,k\,p\,v + c\,dx^4\,f\,fxy\,fy\,k\,p\,v +$
$c\,dx^4\,f\,fx\,fyy\,k\,p\,v + c\,dx^4\,f^2\,fy\,fyy\,k\,p\,v + \frac{1}{2}c\,dx^5\,fxx\,fxy\,k^2\,p\,v + c\,dx^5\,f\,fxy^2\,k^2\,p\,v + \frac{1}{2}c\,dx^5\,f\,fxx\,fyy\,k^2\,p\,v +$
$\frac{3}{2}c\,dx^5\,f^2\,fxy\,fyy\,k^2\,p\,v + \frac{1}{2}c\,dx^5\,f^3\,fyy^2\,k^2\,p\,v + \frac{1}{2}c\,dx^3\,fxx\,v^2 + c\,dx^3\,f\,fxy\,v^2 + \frac{1}{2}c\,dx^3\,f^2\,fyy\,v^2$

```
d1=f*dx;
d2=(f+(fx)*k*dx+fy*k*f*dx)*dx+((k^2)*(fxx)+2*(k^2)*f*fxy+(k^2)*(f^2)*fyy)*((dx)^3)/2;
d3 = ( f + fx * v * dx + fy * ( p * d 2 + ( v – p ) * d 1 ) ) * dx + ( ( f x x ) * ( v * d x ) ^ 2
+2*(fxy)*(v*dx)*(p*d2+(v-p)*d1)+(fyy)*(p*d2+(v-p)*d1)^2)*dx/2;
Series[Expand[a*d1+b*d2+c*d3],{dx,0,3}]
```

≫ ≫ ≫

$(a\,f + b\,f + c\,f)\,dx + (b\,fx\,k + b\,f\,fy\,k + c\,fx\,v + c\,f\,fy\,v)\,dx^2 +$
$\frac{1}{2}(b\,fxx\,k^2 + 2\,b\,f\,fxy\,k^2 + b\,f^2\,fyy\,k^2 + 2\,c\,fx\,fy\,k\,p + 2\,c\,f\,fy^2\,k\,p + c\,fxx\,v^2 + 2\,c\,f\,fxy\,v^2 + c\,f^2\,fyy\,v^2)\,dx^3 + O[dx]^4$

> **<보충설명>**
>
> 위의 코드에서 Series함수를 사용하여 3차 전개하는 것은 상당히 의미가 있다. Series 함수를 적용한 결과식과 증분에 대한 테일러 전개식의 계수를 서로 비교하여 3차 룬지-쿠타 방법에서의 매개변수를 정할 수 있다.

(4) 4차 룬지-쿠타 방법

(가) 4차 룬지-쿠타 방법

4차 룬지-쿠타 방법은 아래의 조건을 만족시키는 매개변수를 정하여 Δy를 구하는 방법이다.

$\Delta y = a\Delta' + b\Delta'' + c\Delta''' + d\Delta''''$
$= af(x,y)\Delta x + bf(x+\kappa\Delta x, y+\kappa\Delta')\Delta x + cf(x+\lambda\Delta x, y+\rho\Delta''+(\lambda-\rho)\Delta')\Delta x$
$\quad + df(x+\mu\Delta x, y+\sigma\Delta''' + \tau\Delta'' + (\mu-\sigma-\tau)\Delta')\Delta x$

$a+b+c+d=1, b\kappa+c\lambda+d\mu = \dfrac{1}{2}, b\kappa^2+c\lambda^2+d\mu^2 = \dfrac{1}{3}$

$c\rho\kappa + d(\sigma\lambda+\tau\kappa) = \dfrac{1}{6}, b\kappa^3+c\lambda^3+d\mu^3 = \dfrac{1}{4}, c\rho\kappa\lambda + d(\sigma\lambda+\tau\kappa)\mu = \dfrac{1}{8}$

$c\rho\kappa^2 + d(\sigma\lambda^2+\tau\kappa^2) = \dfrac{1}{12}, d\rho\sigma\kappa = \dfrac{1}{24}$ 에서

$c = \dfrac{1-2\kappa}{12\lambda(\lambda-\kappa)(1-\lambda)}, b = \dfrac{1-2\lambda}{12\kappa(\kappa-\lambda)(1-\kappa)}, d = \dfrac{6\kappa\lambda-4(\kappa+\lambda)+3}{12(1-\lambda)(1-\kappa)}$

$a = 1-b-c-d, \mu=1, \rho = \dfrac{\lambda(1-\kappa)}{2\kappa(1-2\kappa)}, \rho = \dfrac{1}{24\kappa\sigma d}$

$\tau = \dfrac{1}{6\kappa d} - \dfrac{\lambda\sigma}{\kappa} - \dfrac{c\rho}{d}$. (단, $\lambda\kappa\rho d(\lambda-1)(\kappa-1)(\kappa-0.5)(\lambda-\kappa) \neq 0$ 일 때 성립)

($\kappa = \lambda = \dfrac{1}{2}, \mu=1, \sigma=1$ 인 해가 가장 대표적으로 사용되는 4차 룬지-쿠타 방법으로
$a = d = \dfrac{1}{6}, b = c = \dfrac{1}{2}, \kappa = \lambda = \rho = \dfrac{1}{2}, \mu = \sigma = 1, \tau = 0$ 이다.)

$\Delta y = \dfrac{\Delta' + 2\Delta'' + 2\Delta''' + \Delta''''}{6}, \Delta' = f(x,y)\Delta x, \Delta'' = f(x+\dfrac{1}{2}\Delta x, y+\dfrac{1}{2}\Delta')\Delta x$

$\Delta''' = f(x+\dfrac{1}{2}\Delta x, y+\dfrac{1}{2}\Delta'')\Delta x, \Delta'''' = f(x+\Delta x, y+\Delta''')\Delta x$

(나) 매스매티카를 이용한 매개변수 구하기

매스매티카의 Solve 함수를 활용하여 4차 룬지-쿠타 방법의 매개변수를 다음과 같이 구할 수 있다.

```
eq1=a+b+c+d==1
eq2=b*k + c*v+d*u==1/2
eq3=b*k^2 + c*v^2 +d*u^2== 1/3
```

수학 물리 놀이하기 1

```
eq4=c*p*k+ d*(s*v+t*k)==1/6
eq5=b*k^3+c*v^3 +d*u^3==1/4
eq6=c*p*k*v +d*(s*v+t*k)*u==1/8
eq7=c*p*k^2 +d*(s*v^2+ t*k^2)==1/12
eq8=d*p*s*k==1/24
k=1/2;
v=1/2;
u=1;
Solve[{eq1,eq2,eq3,eq4,eq5,eq6,eq7,eq8},{a,b,c,d,s,p,t}]
Solve[{eq1,eq2,eq3,eq4,eq5,eq6,eq7,eq8},{a,b,c,d,p,t}]/.s->1
```

≫ ≫ ≫

$$a + b + c + d = 1$$

$$b k + d u + c v = \frac{1}{2}$$

$$b k^2 + d u^2 + c v^2 = \frac{1}{3}$$

$$c k p + d (k t + s v) = \frac{1}{6}$$

$$b k^3 + d u^3 + c v^3 = \frac{1}{4}$$

$$c k p v + d u (k t + s v) = \frac{1}{8}$$

$$c k^2 p + d (k^2 t + s v^2) = \frac{1}{12}$$

$$d k p s = \frac{1}{24}$$

··· Solve: Equations may not give solutions for all "solve" variables.

$$\left\{\left\{a \to \frac{1}{6}, b \to \frac{1}{3}(2-3c), d \to \frac{1}{6}, s \to 3c, p \to \frac{1}{6c}, t \to 1-3c\right\}\right\}$$

$$\left\{\left\{a \to \frac{1}{6}, b \to \frac{1}{3}, c \to \frac{1}{3}, d \to \frac{1}{6}, p \to \frac{1}{2}, t \to 0\right\}\right\}$$

<보충설명>

위에서는 $\kappa \to k$, $\lambda \to v$, $\mu \to u$, $\rho \to p$, $\sigma \to s$, $\tau \to t$ 로 치환하여 코딩을 작성하였다.

4차 룬지-쿠타 방법의 유도과정은 지면 관계상 생략한다.

나. 룬지-쿠타 방법을 활용한 근삿값 계산

$y' = f(x, y)$ 이고, $y(x = x_0) = y_0$ 일 때, $y(x = x_1)$의 근삿값을 구할 때는 룬지-쿠타 방법을 이용할 수 있다.

$$\Delta y = \frac{\Delta' + 2\Delta'' + 2\Delta''' + \Delta''''}{6}, \Delta' = f(x,y)\Delta x, \Delta'' = f(x + \frac{1}{2}\Delta x, y + \frac{1}{2}\Delta')\Delta x$$

$$\Delta''' = f(x + \frac{1}{2}\Delta x, y + \frac{1}{2}\Delta'')\Delta x, \Delta'''' = f(x + \Delta x, y + \Delta''')\Delta x$$

룬지-쿠타 방법을 이용하여 $y' = f(x,y) = x + y$, $y(x=0) = 0$ 일 때, $y(x=1)$의 값을 $n = 10$ ($h = 0.1$)를 적용하여 구해보자.

$x_0 = 0$, $y(x = x_0) = y_0 = 0$, $x_{10} = 1$ 로 하고 $x_k = 0 + k \times 0.1 = 0.1k$ 이며 $y_k = y(x = x_k)$에서 귀납적으로 매스매티카의 반복문을 활용하여 $y(x=1) = y(x_{10})$의 값을 구하는 것이 근삿값을 구하는 전반적인 아이디어이다.

실제로 1계선형미분방정식 $y' + py = q$에서 적분인자는 $\exp(\int p \, dx)$ 이므로 이를 이용하면 $y = -x - 1 + e^x$이 나오며 $y(x=1) \approx 0.7182818$ 이다.

```
f[x_,y_]:=x+y;
b=1;
a=0;
n=10;
h=0.1;
X=ConstantArray[0,n+1];
Y=ConstantArray[0,n+1];
X[[1]]=x0;
Y[[1]]=y0;
x0=0;
y0=0;
Do[dt1=f[X[[i]],Y[[i]]];dt2=f[X[[i]]+h/2,Y[[i]]+dt1*h/2];dt3=f[X[[i]]+h/2,Y[[i]]+dt2*h/2];
   dt4=f[X[[i]]+h,Y[[i]]+dt3*h];
   X[[i+1]]=X[[i]]+h;Y[[i+1]]=Y[[i]]+h*(dt1+2*dt2+2*dt3+dt4)/6,{i,1,n}];
list=Table[{X[[i]],Y[[i]]},{i,1,n+1}];
TableForm[list,TableHeadings->{{"runge-kutta method","dy/dx=x+y",Style["y(x="<>ToString[x0]<>")="<>ToString[y0]]},{"X","Y"}}]
```

≫ ≫ ≫

runge-kutta method dy/dx=x+y y(x=0)=0	X	Y
	0	0
	0.1	0.00517083
	0.2	0.0214026
	0.3	0.0498585
	0.4	0.0918242
	0.5	0.148721
	0.6	0.222118
	0.7	0.313752
	0.8	0.42554
	0.9	0.559601
	1.	0.71828

Do문 대신 For문을 활용하여 동일하게 아래와 같이 코딩할 수 있다.

```
f[x_,y_]:=x+y;
b=1;
a=0;
n=10;
h=0.1;
X=ConstantArray[0,n+1];
Y=ConstantArray[0,n+1];
X[[1]]=x0;
Y[[1]]=y0;
x0=0;
y0=0;
For[i=1,i<=n,i++,dt1=f[X[[i]],Y[[i]]];dt2=f[X[[i]]+h/2,Y[[i]]+dt1*h/2];dt3=f[X[[i]]+h/2,Y[[i]]+dt2*h/2];
   dt4=f[X[[i]]+h,Y[[i]]+dt3*h];
   X[[i+1]]=X[[i]]+h;Y[[i+1]]=Y[[i]]+h*(dt1+2*dt2+2*dt3+dt4)/6];
list=Table[{X[[i]],Y[[i]]},{i,1,n+1}];
TableForm[list,TableHeadings->{{"runge-kutta method","dy/dx=x+y",Style["y(x="<>ToString[x0]<>")="<>ToString[y0]]},{"X","Y"}}]
```

11. 푸리에 급수

푸리에 급수는 주기성을 가지고 있는 함수를 사인과 코사인의 삼각함수로 이뤄진 급수로 표현한 식을 말한다.

가. 함수의 주기에 따른 푸리에 급수

(1) 주기가 $2L$인 함수

함수 $f(x)$의 주기가 $2L$ 일 때는 아래와 같이 급수로 표현가능하다.

$f(x) = \dfrac{a_0}{2} + \sum_{n=1}^{\infty}\left(a_n\cos\left(\dfrac{n\pi x}{L}\right) + b_n\sin\left(\dfrac{n\pi x}{L}\right)\right)$ 에서

$a_n = \dfrac{1}{L}\int_{-L}^{L}f(t)\cos\left(\dfrac{n\pi t}{L}\right)dt \ (n=0,1,2,3,\cdots)$

$b_n = \dfrac{1}{L}\int_{-L}^{L}f(t)\sin\left(\dfrac{n\pi t}{L}\right)dt \ (n=1,2,3,\cdots)$

사인과 코사인 대신 $e^{\frac{in\pi}{L}x}$ 를 기저로 하여 표현할 경우

$f(x) = \sum_{n=-\infty}^{\infty} c_n e^{\frac{in\pi}{L}x}$

$c_n = \dfrac{1}{2L}\int_{-L}^{L}f(t)e^{-\frac{in\pi}{L}t}dt \ (n=1,2,3,\cdots)$

(2) 주기가 2π인 함수

함수 $f(x)$의 주기가 2π 일 때는 아래와 같이 급수로 표현가능하다.

$f(x) = \dfrac{a_0}{2} + \sum_{n=1}^{\infty}(a_n\cos(nx) + b_n\sin(nx))$ 에서

$a_n = \dfrac{1}{\pi}\int_{-\pi}^{\pi}f(t)\cos(nt)dt \ (n=0,1,2,3,\cdots)$

$b_n = \dfrac{1}{\pi}\int_{-\pi}^{\pi}f(t)\sin(nt)dt \ (n=1,2,3,\cdots)$

사인과 코사인 대신 e^{inx} 를 기저로 하여 표현할 경우

매스매티카를 활용한
수학 물리 놀이하기 1

$$f(x) = \sum_{n=-\infty}^{\infty} c_n e^{inx}$$

$$c_n = \frac{1}{2\pi} \int_{-\pi}^{\pi} f(t) e^{-int} dt \ (n=1,2,3,\cdots)$$

이제 매스매티카를 통해 함수를 푸리에 급수로 나타내기 전에 푸리에 급수 혹은 푸리에 변환에서 자주 나타나는 특수한 함수에 대해 알아보자.

나. 푸리에 급수에서 자주 등장하는 특수함수

(1) 박스함수

박스함수 $f(x)$는 다음과 같이 정의되는 함수이다.

$$f(x) = \begin{cases} 1 & (|x| < \frac{1}{2}) \\ 0 & (otherwise) \end{cases}$$

매스매티카에서는 박스함수를 내장하고 있다.

```
f[x_]:=UnitBox[x];
Plot[f[x],{x,-2,2},AxesLabel->{"x","f[x]"}]
```
≫≫≫

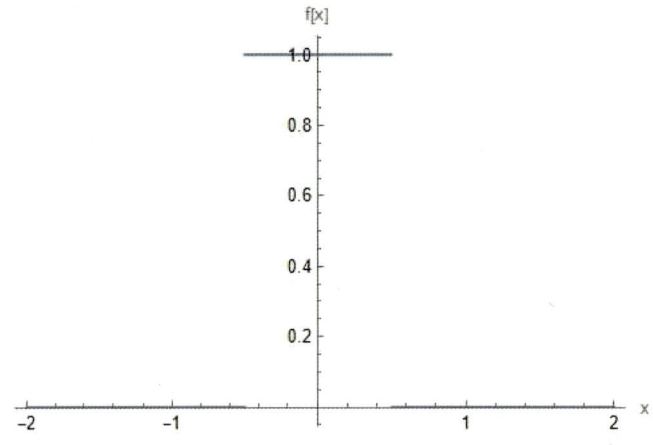

혹은 아래와 같이 정의해도 동일한 결과를 출력한다.

```
f[x_]:=Piecewise[{{1,Abs[x]<=0.5},{0,Abs[x]>0.5}}]
Plot[f[x],{x,-2,2},AxesLabel->{"x","f[x]"}]
```

(2) 계단함수

계단함수 $f(x)$는 다음과 같이 정의되는 함수이다.
$$f(x) = \begin{cases} 1 & (x \geq 0) \\ 0 & (otherwise) \end{cases}$$

매스매티카에서는 계단함수를 내장하고 있다.

```
f[x_]:=UnitStep[x];
Plot[f[x],{x,-2,2},AxesLabel->{"x","f[x]"}]
```

≫≫≫

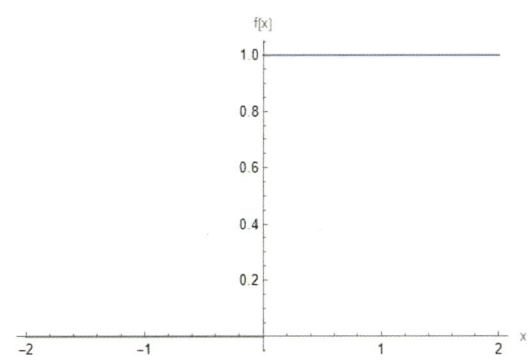

혹은 아래와 같이 정의해도 동일한 결과를 출력한다.

```
f[x_]:=Piecewise[{{0,x<0},{1,x>=0}}]
Plot[f[x],{x,-2,2},AxesLabel->{"x","f[x]"}]
```

(3) 삼각형함수

삼각형함수 $f(x)$는 다음과 같이 정의되는 함수이다.

$$f(x) = \begin{cases} 0 & (x \geq 1) \\ 1-x & (0 \leq x < 1) \\ 1+x & (-1 \leq x < 0) \\ 0 & (x < -1) \end{cases}$$

매스매티카에서는 삼각형 함수를 내장하고 있다.

```
f[x_]:=UnitTriangle[x];
Plot[f[x],{x,-2,2},AxesLabel->{"x","f[x]"}]
```
≫≫≫

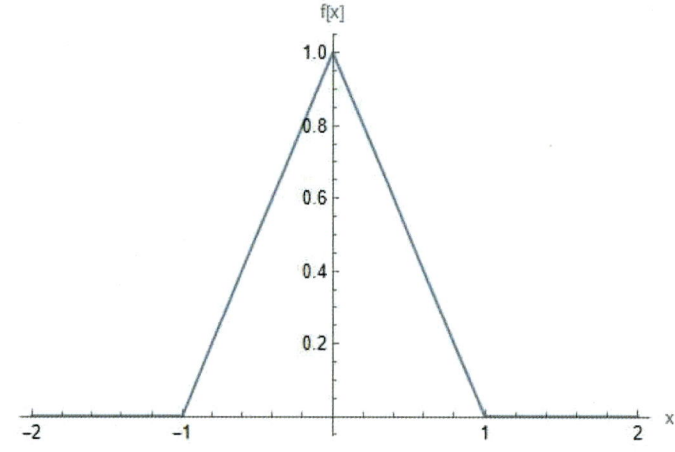

혹은 아래와 같이 정의해도 동일한 결과를 출력한다.

```
f[x_]:=Piecewise[{{-Abs[x]+1,Abs[x]<1},{0,Abs[x]>=1}}]
Plot[f[x],{x,-2,2},AxesLabel->{"x","f[x]"}]
```

(4) 부호함수

부호함수 $f(x)$는 다음과 같이 정의되는 함수이다.

$$f(x) = \begin{cases} 1 & (x \geq 0) \\ 0 & (x = 0) \\ -1 & (x < 0) \end{cases}$$

매스매티카에서는 부호함수를 내장하고 있다.

```
f[x_]:=Sign[x];
Plot[f[x],{x,-2,2},AxesLabel->{"x","f[x]"}]
```

≫≫≫

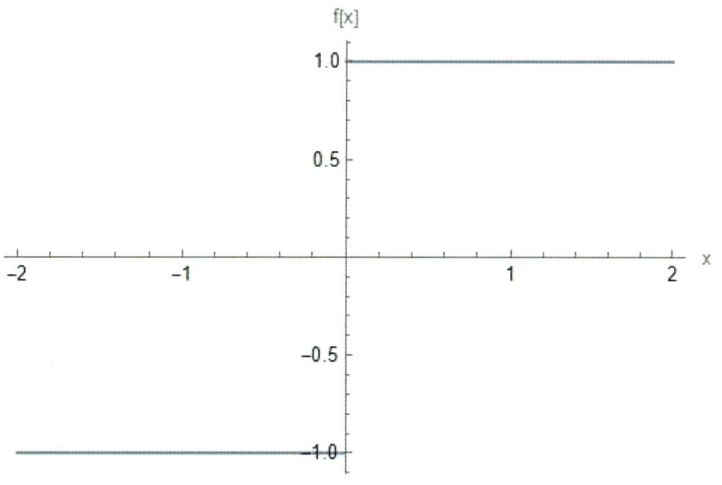

혹은 아래와 같이 정의해도 동일한 결과를 출력한다.

```
f[x_]:=Piecewise[{{-1,x<0},{0,x==0},{1,x>=0}}]
Plot[f[x],{x,-2,2},AxesLabel->{"x","f[x]"}]
```

(5) 주기함수1

$0 \leq x < p$에서 주어진 함수 $f(x)$를 실수에서 주기가 p인 함수로 확장해보자.

$g(x) = f(x - p \left[\dfrac{x}{p} \right])$는 함수$f(x)$에 대한 주기가 p인 함수를 의미한다.

매스매티카를 통해 이를 적용해보자.

```
f[x_]:= If[0<=x<Pi , Sin[x]]
g[x_]:=f[x- Pi*Floor[x/Pi]]
Plot[g[x],{x,-3Pi, 3Pi},AxesLabel->{"x","g[x]"}]
```

≫ ≫ ≫

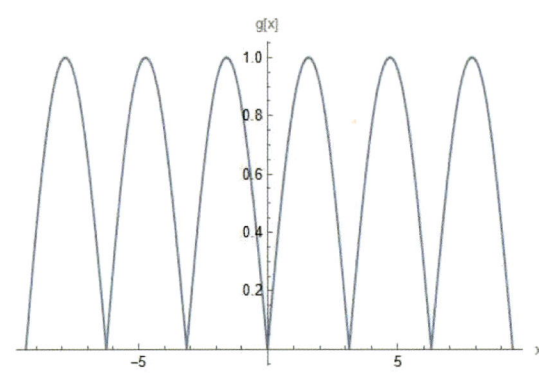

(6) 주기함수2

$-p \leq x < p$에서 주어진 함수 $f(x)$에 실수에서 주기가 $2p$인 함수로 확장해보자.

$g(x) = f(x - 2p\left[\dfrac{x+p}{2p}\right])$는 함수 $f(x)$에 대한 주기가 $2p$인 함수를 의미한다.

매스매티카를 통해 이를 적용해보자.

```
f[x_]:= If[-1<=x<1 , Abs[x]]
g[x_]:=f[x- 2*Floor[(x+1)/2]]
Plot[g[x],{x,-3, 3},AxesLabel->{"x","g[x]"}]
```

≫ ≫ ≫

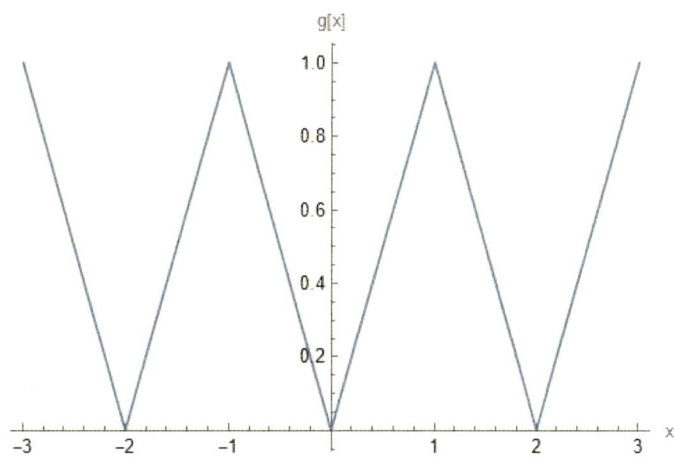

다. 매스매티카로 푸리에 급수 표현하기

(1) 주기가 $2L$인 우함수

함수 $f(x)$를 아래와 같이 정의하자.

$$f(x) = \frac{1}{2}|x| \quad (-1 \le x < 1)$$
$$f(x+2) = f(x)$$

우함수인 $f(x)$를 매스매티카를 통해 푸리에 급수로 전개하고자 한다. 아래의 코드에서 F[x,l]을 정의하여 실행한 이후에 F[x,3]과 A를 실행해야 정상적으로 원하는 바가 출력이 된다.

```
L=1;
F[x_,l_]:=Module[{},f[t_]:=If[-1<=t<1,0.5*Abs[t],0];
  g[t_]:=f[t-2*L*Floor[(t+L)/(2*L)]];
  a[k_]:=(1/L)*Integrate[f[x]*Cos[k*Pi*x/L],{x,-L,L}];
b[k_]:=(1/L)*Integrate[f[x]*Sin[k*Pi*x/L],{x,-L,L}];A=(a[0]/2)+Sum[a[i]*Cos[i*Pi*x/L]
+b[i]*Sin[i*Pi*x/L],{i,1,l}];
  Plot[{A,g[x]},{x,-2L,2L},AxesLabel->{"x","y"},PlotLegends->{"Fourier
Series","g[x]"}]]

F[x,3]
A
```

≫≫≫

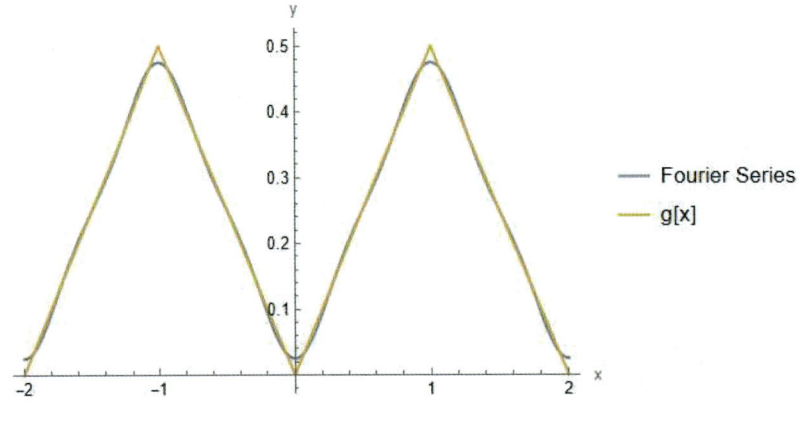

$0.25 - 0.202642 \cos[\pi x] - 0.0225158 \cos[3\pi x]$

(2) 주기가 L인 함수

함수 $f(x)$를 아래와 같이 정의하자.

$$f(x) = |x| \quad (0 \leq x < 1)$$
$$f(x+1) = f(x)$$

함수 $f(x)$를 매스매티카를 통해 푸리에 급수로 전개하고자 한다.

```
L=1;
F[x_,l_]:=Module[{},f[t_]:=If[0<=t<L,t];
  g[t_]:=f[t-1*L*Floor[(t)/(1*L)]];
  a[k_]:=(1/L)*Integrate[g[x]*Cos[k*Pi*x/L],{x,-L,L}];
b[k_]:=(1/L)*Integrate[g[x]*Sin[k*Pi*x/L],{x,-L,L}];A=(a[0]/2)+Sum[a[i]*Cos[i*Pi*x/L]
+b[i]*Sin[i*Pi*x/L],{i,1,l}];
  Plot[{g[x],A},{x,-L,L},AxesLabel->{"x","y"},PlotLegends->{"g{x}","Fourier Series"}]]

F[x,5]
A
```

≫≫≫

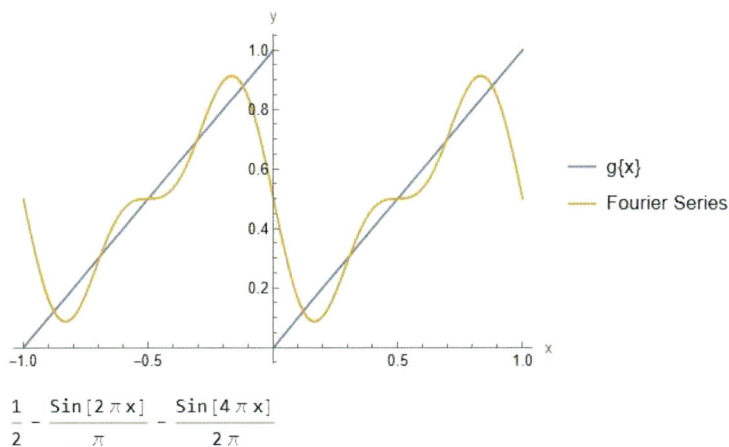

$$\frac{1}{2} - \frac{\sin[2\pi x]}{\pi} - \frac{\sin[4\pi x]}{2\pi}$$

(3) 주기가 2π인 기함수

여기서는 앞서 경우와 달리 매스매티카에 내장된 FourierSeries 함수를 사용하여 보겠다.
FourierSeries[함수,변수,차수]의 형식으로 사용한다.

함수 $f(x)$를 아래와 같이 정의하자.

$$f(x) = \begin{cases} 1 & (x \geq 0) \\ 0 & (x = 0) \\ -1 & (x < 0) \end{cases}, \quad f(x+2\pi) = f(x)$$

기함수인 $f(x)$를 매스매티카를 통해 푸리에 급수로 전개하고자 한다.

```
L=Pi;
F[x_,l_]:=Module[{},f[t_]:=Piecewise[{{-1,t<0},{1,t>0}}];
  g[t_]:=f[t-2*L*Floor[(t+L)/(2*L)]];
  A=FourierSeries[g[x],x,l];
Plot[{A,g[x]},{x,-2L,2L},AxesLabel->{"x","y"},Ticks->{{-2Pi,-Pi,0,Pi,2Pi},{-1,-0.5,0,0.5,1}}
,PlotLegends->{"Fourier Series","g[x]"}]]
F[x,3]
A
```

≫≫≫

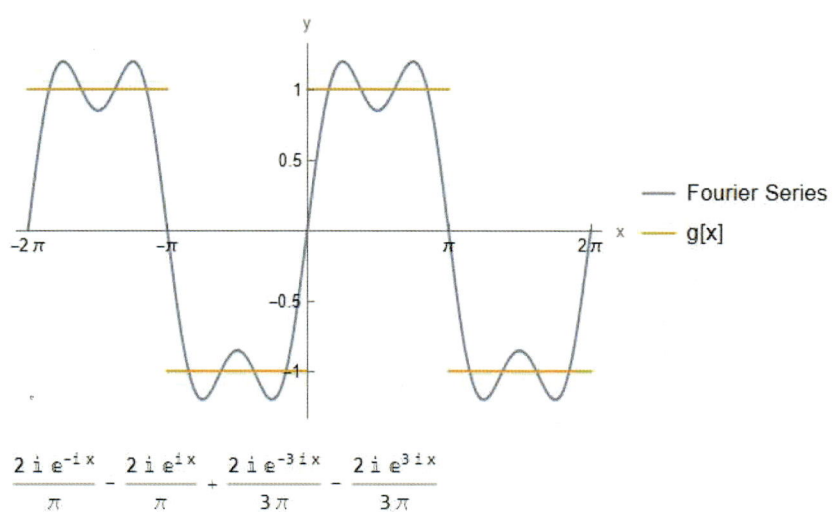

<보충설명>

FourierSeries 함수는 정수 n에 대하여 기저를 $\{e^{inx}\}$로 하여 대상 함수를 지정된 차수까지만 전개하므로 주기가 2π인 함수에 대해서만 유의미한 전개를 해준다는 것에 유의하자.

12. 푸리에 변환

가. 푸리에 변환의 이론

푸리에 변환은 시간이나 공간에 대한 함수를 시간이나 공간의 주파수 성분으로 분해하는 변환을 말한다(위키백과 참조).

주기가 $2L$인 함수 $f(x)$에 대하여 이를 복소 푸리에 급수로 표현하면 다음과 같음을 앞서 밝혔다.

$$f(x) = \sum_{n=-\infty}^{\infty} c_n e^{\frac{in\pi}{L}x}$$

$$c_n = \frac{1}{2L}\int_{-L}^{L} f(t) e^{-\frac{in\pi}{L}t} dt \ (n=1,2,3,\cdots)$$

여기서 관계식을 아래와 같이 약간 변형하여 표현할 수도 있다.

$$f(x) = \sum_{n=-\infty}^{\infty} c_n e^{-\frac{in\pi}{L}x}$$

$$c_n = \frac{1}{2L}\int_{-L}^{L} f(t) e^{\frac{in\pi}{L}t} dt \ (n=1,2,3,\cdots)$$

만약 비주기 함수 $f(x)$를 주기가 무한대($L \to \infty$)인 함수로 간주하고 c_n을 바로 위의 관계식에 대입하여보자.

$f(x) = \sum_{n=-\infty}^{\infty} \frac{1}{2L} \int_{-L}^{L} f(t) e^{\frac{in\pi}{L}(t-x)} dt$ 이 되는데

$n\frac{\pi}{L} \to w$, $\frac{\pi}{L} \to dw$, $\sum_{n=-\infty}^{\infty} \to \int_{-\infty}^{\infty} dw$ 로 급수를 적분으로 변형하면

$f(x) = \int_{-\infty}^{\infty} f(t) \left\{ \frac{1}{2\pi} \int_{-\infty}^{\infty} e^{iw(t-x)} dw \right\} dt$ 로 표현가능하다.

그리고 위의 중괄호 내의 식은 $\frac{1}{2\pi}\int_{-\infty}^{\infty} e^{iw(t-x)} dw = \delta(t-x)$ 로 먼저 정의하자.

$f(x) = \lim_{n \to \infty} \int_{-\infty}^{\infty} f(t) \left\{ \frac{1}{2\pi} \int_{-n}^{n} e^{iw(t-x)} dw \right\} dt$ 이므로

$\delta_n(t-x) = \frac{1}{2\pi} \int_{-n}^{n} e^{iw(t-x)} dw$ 라고 할 때,

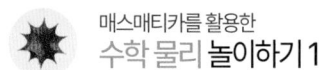

$$f(x) = \lim_{n \to \infty} \int_{-\infty}^{\infty} f(t)\delta_n(t-x)dt = \int_{-\infty}^{\infty} f(t)\delta(t-x)dt \text{ 이다.}$$

$$\left(\because \lim_{n \to \infty} \delta_n(t-x) = \delta(t-x)\right)$$

위의 $\delta_n(t-x)$은 $\delta_n(t-x) = \dfrac{1}{2\pi}\int_{-n}^{n} e^{iw(t-x)}dw = \dfrac{\sin n(t-x)}{\pi(t-x)}$ 인데

$\delta_n(t-x)$을 t 에 대한 함수로 본다면 성질은 아래와 같다.

$$\boxed{\begin{array}{l}\displaystyle\lim_{n \to \infty}\left(\lim_{t \to x}\delta_n(t-x)\right) = +\infty \\ \displaystyle\int_{-\infty}^{\infty}\delta_n(t-x)dt = 1 \quad \left(\int_{-\infty}^{\infty}\dfrac{\sin x}{x}dx = \pi \text{ 활용}\right)\end{array}}$$

이제 공간에 대한 함수 $f(x)$와 주파수 w에 대한 함수 $g(w)$사이의 관계를 살펴보도록 하겠다.

$$f(x) = \frac{1}{\sqrt{2\pi}}\int_{-\infty}^{\infty}\left\{\frac{1}{\sqrt{2\pi}}\int_{-\infty}^{\infty}f(t)e^{iwt}dt\right\}e^{-iwx}dw$$

$g(w)$를 $g(w) = \dfrac{1}{\sqrt{2\pi}}\int_{-\infty}^{\infty}f(t)e^{iwt}dt$ 라고 정의하면

$f(x) = \dfrac{1}{\sqrt{2\pi}}\int_{-\infty}^{\infty}g(w)e^{-iwx}dw$ 와 같다.

나. 푸리에 변환 테이블

공간에 대한 함수 $f(x)$와 주파수에 대한 함수 $g(w)$가

$f(x) = \dfrac{1}{\sqrt{2\pi}}\int_{-\infty}^{\infty}g(w)e^{-iwx}dw$, $g(w) = \dfrac{1}{\sqrt{2\pi}}\int_{-\infty}^{\infty}f(t)e^{iwt}dt$ 관계를 만족한다.

시간에 대한 함수 $f(t)$와 주파수w에 대한 함수 $g(w)$간의 변환테이블을 여러 가지 함수에 대해 계산하면 아래와 같은데 증명은 생략하도록 하겠다.

$f(t)$	$g(w)$	$f(t)$	$g(w)$
1	$\sqrt{2\pi}\,\delta(w)$	$\cos t$	$\sqrt{\dfrac{\pi}{2}}\,(\delta(w+1)+\delta(w-1))$
$\delta(t)$	$\dfrac{1}{\sqrt{2\pi}}$	$\sin t$	$-i\sqrt{\dfrac{\pi}{2}}\,(\delta(w+1)-\delta(w-1))$
e^{-t}	$\sqrt{\dfrac{2}{\pi}}\,\dfrac{1}{w^2+1}$	e^{-t^2}	$\dfrac{1}{\sqrt{2}}\,e^{-\tfrac{w^2}{4}}$
$UnitBox(t)$ $\begin{cases}1\ (|t|<0.5)\\0\ (otherwise)\end{cases}$	$\sqrt{\dfrac{2}{\pi}}\,\dfrac{1}{w}\sin\!\left(\dfrac{w}{2}\right)$	$\dfrac{1}{1+t^2}$	$\sqrt{\dfrac{\pi}{2}}\,e^{-|w|}$ (residue를 이용한 복소적분법으로 증명)

다. 함수의 푸리에 변환 찾기

t에 대한 함수 $f(t)$를 w에 대한 함수로 푸리에 변환을 하고자 할 때는 FourierTransform 함수를 FourierTransform[f(t),t,w]의 형식으로 사용한다. 아래에서 여러 가지 함수를 푸리에 변환하는 예시를 제시하였다.

(예시1) t공간의 함수 $f(t)=1$을 w공간의 함수로 푸리에 변환하고자 한다.
FourierTransform[1,t,w]

$\sqrt{2\pi}\ \text{DiracDelta}[w]$

(예시2) t공간의 함수 DiracDelta[t] 을 w공간의 함수로 푸리에 변환하고자 한다.
FourierTransform[DiracDelta[t],t,w]

$\dfrac{1}{\sqrt{2\pi}}$

(예시3) t공간의 함수 $\cos(at)$ 을 w공간의 함수로 푸리에 변환하고자 한다.
FourierTransform[Cos[a*t],t,w]

$$\sqrt{\frac{\pi}{2}}\,\text{DiracDelta}[-a+w] + \sqrt{\frac{\pi}{2}}\,\text{DiracDelta}[a+w]$$

> **<보충설명>**
>
> 위에서 $g(w) = \frac{1}{\sqrt{2\pi}}\int_{-\infty}^{\infty}\cos(at)e^{iwt}dt = \frac{1}{2\sqrt{2\pi}}\int_{-\infty}^{\infty}e^{i(a+w)t} + e^{-i(a-w)t}dt$
>
> 따라서 $g(w) = \sqrt{\frac{\pi}{2}}\frac{1}{2\pi}\int_{-\infty}^{\infty}e^{i(w+a)t} + e^{i(w-a)t}dt$ 이고 이것을 델타함수의 정의에 대입하면 위의 푸리에 변환 함수가 나오게 된다.

라. 디랙델타함수의 예시와 코딩

푸리에 변환에서 자주 등장하는 함수 중에 디랙델타함수가 있다.

디랙델타함수로 사용할 수 있는 몇 가지 예시를 살펴보고 매스매티카를 통해 코딩해보자.

(예시1) $\delta_n(x)$을 $\delta_n(x) = \frac{\sin(nx)}{\pi x}$로 두었을 때 n에 대해 극한을 취한 함수를 대상으로 생각해보자.

$$\lim_{n\to\infty}\delta_n(x) = \lim_{n\to\infty}\frac{\sin(nx)}{\pi x}$$

(참고: $\int_{-\infty}^{\infty}\frac{\sin x}{x}dx = \pi$, $\int_{-\infty}^{\infty}\frac{\sin^2 x}{x^2}dx = \pi$)

이 함수는 아래의 성질을 만족한다.

> ① $\int_{-\infty}^{\infty}f(x)\lim_{n\to\infty}\delta_n(x-t)dt = f(t)$
> ② $\lim_{n\to\infty}\left(\lim_{x\to 0}\delta_n(x)\right) = +\infty$
> ③ $\int_{-\infty}^{\infty}\delta_n(x)dx = 1$

코드는 아래와 같다.

```
f[x_,n_]:=Sin[n*x]/(Pi*x);
Show[Plot[{f[x,1],f[x,2],f[x,4],f[x,8]},{x,-5,5},PlotRange->{{-5,5},All},
PlotStyle->{Red,Blue,Purple,Green},PlotLegends->{"n=1","n=2","n=4","n=8"}]]
```

≫≫≫

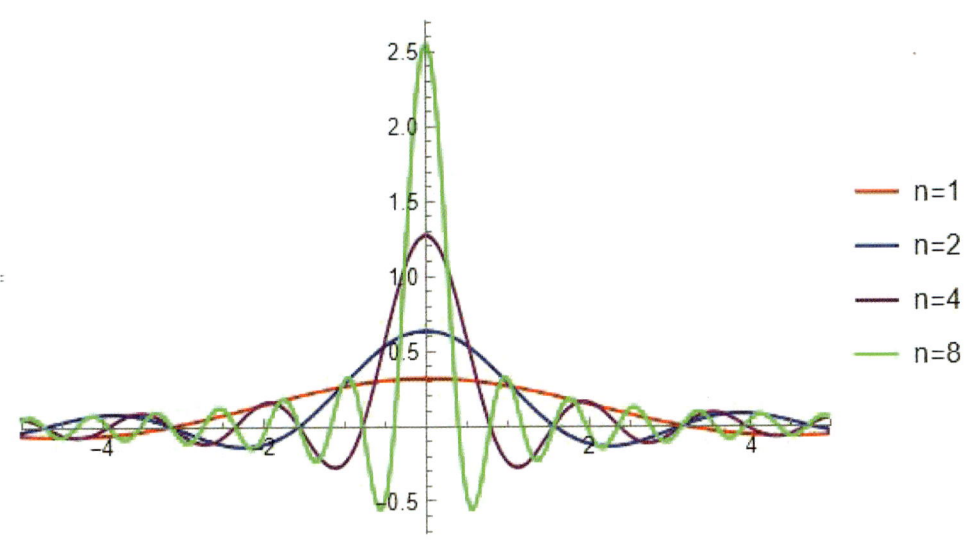

테이블을 활용하면 더 많은 n에 대한 함수의 그래프를 수월하게 그릴 수 있다.

```
f[x_,n_]:=Sin[n*x]/(Pi*x);
Show[Plot[Evaluate[Table[f[x,n],{n,1,7,2}]],{x,-5,5},PlotRange->{{-5,5},All},
PlotLegends->Table["n="<>ToString[n],{n,1,7,2}]]]
```

≫≫≫

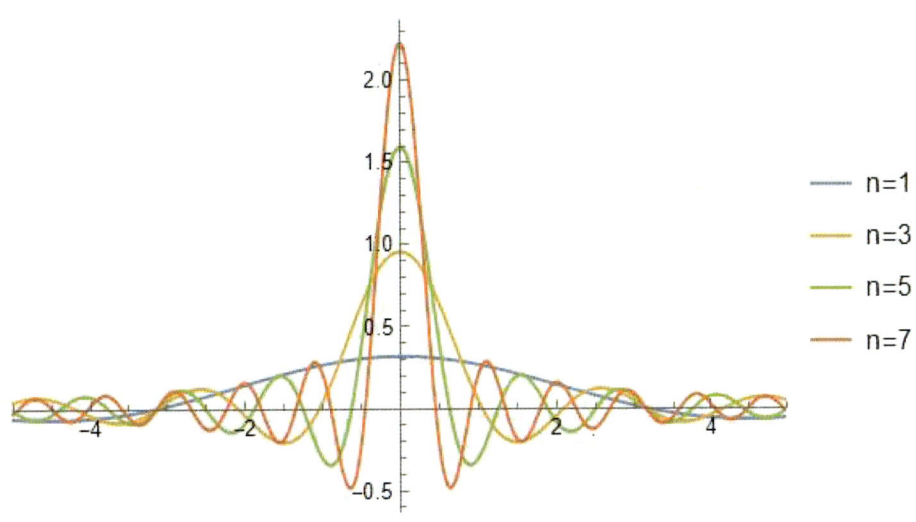

> **<보충설명>**
>
> 위에서 Plot[Table[f[x,n]이해]와 같이 코딩할 경우
>
> n에 따라 다르게 표현되는 그래프가 모두 같은 색으로 표현이 된다. 이것을 방지하기 위해 Evaluate 를 사용하여 Plot[Evaluate[Table[f[x,n]이해]]]으로 표현한다. 이 경우는 Table로 표현된 여러 가지 델타함수의 그래프가 개별 곡선으로 처리 된후 Plot 함수를 통해 각기 다른색으로 그래프가 출력되는 것이다.

(예시2) $\delta_n(x)$을 $\delta_n(x) = \dfrac{ne^{-n^2x^2}}{\sqrt{\pi}}$ 로 두었을 때 n에 대해 극한을 취한 함수를 대상으로 생각해보자.

$$\lim_{n\to\infty}\delta_n(x) = \lim_{n\to\infty}\frac{ne^{-n^2x^2}}{\sqrt{\pi}}$$

(참고: $\int_{-\infty}^{\infty} e^{-ax^2}dx = \sqrt{\dfrac{\pi}{a}}\ (a>0)$)

이 함수는 아래의 성질을 만족한다.

> ① $\int_{-\infty}^{\infty} f(x)\lim_{n\to\infty}\delta_n(x-t)dt = f(t)$
>
> ② $\lim_{n\to\infty}\left(\lim_{x\to 0}\delta_n(x)\right) = +\infty$
>
> ③ $\int_{-\infty}^{\infty} \delta_n(x)dx = 1$

코드는 아래와 같다.

```
f[x_,n_]:=n*Exp[-n^2 *x^2]/Sqrt[Pi];
Show[Plot[{f[x,1],f[x,2],f[x,4],f[x,8]},{x,-5,5},PlotRange->{{-5,5},All},
PlotStyle->{Red,Blue,Purple,Green},PlotLegends->{"n=1","n=2","n=4","n=8"}]]
```

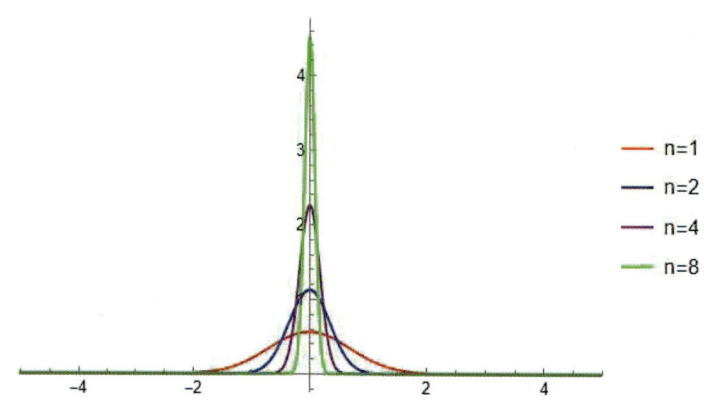

(예시3)

디랙델타함수로 사용되는 함수는 그 외에도 다양한데 그 중 몇 가지만 소개하고 코드는 생략하도록 하겠다.

$$\delta_n(x) = \frac{1}{n\pi} \cdot \frac{1}{x^2 + \frac{1}{n^2}}$$ (참고: $\int \frac{dx}{x^2 + a^2} = \frac{1}{a}\tan^{-1}\left(\frac{x}{a}\right)$)

$$\delta_n(x) = \begin{cases} n(1-n|x|) & (|x| < \frac{1}{n}) \\ 0 & (|x| \geq \frac{1}{n}) \end{cases}$$

$$\delta_n(x) = \begin{cases} n & (|x| < \frac{1}{2n}) \\ 0 & (otherwise) \end{cases}$$

13. 감마함수

가. 감마함수의 이론

감마함수는 자연수 및 0에서 정의되는 계승(팩토리얼)함수를 복소수 범위까지 확장시킨 함수를 말한다. 감마함수의 정의와 여러 가지 성질은 위키백과를 참고하였다.

$$\Gamma(z) = \int_0^\infty t^{z-1} e^{-t} dt \ (단, \ Re(z) > 0 \ )로서$$

음의정수가 아닌 곳에서 다르게 정의할 수도 있다.

⟨감마함수의 다른 정의: $z \neq$ 음의 정수⟩

$$\Gamma(z) = \frac{1}{z} \prod_{n=1}^\infty \left(1+\frac{z}{n}\right)^{-1}\left(1+\frac{1}{n}\right)^z$$

$$= \lim_{m \to \infty} \frac{m^z m!}{z(z+1)(z+2)\cdots(z+m)}$$

$$= \frac{e^{-\gamma z}}{z} \prod_{n=1}^\infty \left(1+\frac{z}{n}\right)^{-1} e^{\frac{z}{n}} \ (\gamma = 오일러상수, \ \gamma = \lim_{n \to \infty}\left(\sum_{k=1}^n \frac{1}{k} - \ln n\right))$$

감마함수는 여러 가지 성질을 가지는데 그 중 몇 가지만 증명없이 제시하면 아래와 같다.

$\Gamma(z+1) = z\Gamma(z), \ \Gamma(1) = 1$

$\Gamma(n) = (n-1)! \ (n$은 자연수$)$

$\Gamma(1-z)\Gamma(z) = \dfrac{\pi}{\sin \pi z}$ (단, $z \neq$ 정수)

$\Gamma(z)\Gamma(z+\frac{1}{2}) = 2^{1-2z}\sqrt{\pi}\,\Gamma(2z)$

대표적인 감마함수의 값은 아래와 같다(단, n은 자연수)

$\Gamma(n) = (n-1)!$

$\Gamma(\frac{1}{2}) = \sqrt{\pi}$, $\Gamma(\frac{3}{2}) = \dfrac{\sqrt{\pi}}{2}$, $\Gamma(\frac{5}{2}) = \dfrac{3}{4}\sqrt{\pi}$

$\Gamma(-\frac{1}{2}) = -2\sqrt{\pi}$, $\Gamma(-\frac{3}{2}) = \dfrac{4}{3}\sqrt{\pi}$

$\Gamma(\frac{1}{2}+n) = (2n-1)!!\dfrac{\sqrt{\pi}}{2^n}$, $\Gamma(\frac{1}{2}-n) = \dfrac{(-2)^n}{(2n-1)!!}\sqrt{\pi}$

<보충설명>

$\Gamma(z) = \lim_{m \to \infty} \dfrac{m^z m!}{z(z+1)(z+2)\cdots(z+m)}$ 로부터 오일러상수 γ를 사용한 정의식의 유도 과정을 간단히 설명할 수 있다.

$H_m = \sum_{k=1}^{m} \dfrac{1}{k}$ 라고 정의하고 m^z의 식을 아래와 같이 변형할 수 있다.

$m^z = \exp(z \ln m) = \exp[z(\ln m - H_m)] \cdot \exp(zH_m) = \exp(-\gamma_m z) \cdot \exp(zH_m)$

여기서 $\gamma_n = \sum_{k=1}^{n} \dfrac{1}{k} - \ln n$ 이고 수열 $\{\gamma_n\}$의 극한은 오일러상수 γ로 잘 알려져 있다.

($\gamma \fallingdotseq 0.57721566\cdots$)

이 후 위 감마함수의 정의에 변형된 m^z의 식을 대입하면 오일러 상수 γ를 활용하여

$\Gamma(z) = \dfrac{e^{-\gamma z}}{z} \prod_{n=1}^{\infty} \left(1 + \dfrac{z}{n}\right)^{-1} e^{\frac{z}{n}}$ 의 정의가 유도된다.

나. 감마함수의 값 계산하기

감마함수는 무한곱이나 이상적분의 형식으로 정의되는데 정의를 그대로 적용하여 여러 가지 값을 구해보도록 하겠다.

(예시1) 이상적분 $\Gamma(z) = \int_{0}^{\infty} t^{z-1} e^{-t} dt$ 의 값을 구하는 코드는 아래와 같다.

```
Integrate[t^(z-1) Exp[-t],{t,0,Infinity}]
Integrate[t^(z-1) Exp[-t],{t,0,Infinity},Assumptions->Re[z]>0]
```

≫≫≫

      Gamma[z] if Re[z] > 0

      Gamma[z]

(예시2) 무한곱 $\dfrac{1}{z} \prod_{n=1}^{\infty} \left(1 + \dfrac{z}{n}\right)^{-1} \left(1 + \dfrac{1}{n}\right)^{z}$ 을 구하는 코드는 아래와 같다.

```
(1/z)*Product[((1+1/n)^z)/(1+z/n),{n,1,Infinity}]
```

≫≫≫

$$\frac{\text{Gamma}[1+z]}{z}$$

> **<보충설명>**
>
> $\Gamma(z+1) = z\,\Gamma(z)$ 이므로 당연한 결과이다.

(예시3) 무한곱 $\displaystyle\lim_{m\to\infty} \frac{m^z\, m!}{z(z+1)(z+2)\cdots(z+m)}$ 을 구하는 코드는 아래와 같다.

Limit[(n^(z)Factorial[n])/Product[z+k,{k,0,n,1}],n->Infinity]

≫≫≫

$$\frac{\text{Gamma}[1+z]}{z}$$

(예시4) $\Gamma\left(\dfrac{1}{2}\right)$ 의 값과 근삿값을 구하는 코드는 아래와 같다.

Gamma[1/2]
N[Gamma[1/2]]

≫≫≫

$\sqrt{\pi}$

1.77245

(예시5) 무한곱 $2\displaystyle\prod_{n=1}^{\infty}\left(1+\dfrac{1}{2n}\right)^{-1}\sqrt{1+\dfrac{1}{n}}$ 의 값을 구하는 코드는 아래와 같다.

2*Product[(Sqrt[(1+1/n)])/(1+1/(2n)),{n,1,Infinity}]

≫≫≫

$\sqrt{\pi}$

> **<보충설명>**
>
> Sqrt[함수]대신 {함수^0.5 }을 사용하거나 1/2 대신 0.5를 대입하여 식을 구성하면 정확한 값 대신 근삿값을 출력한다는 것에 유의하자.

(예시6) 무한곱 $\displaystyle\lim_{m\to\infty} \frac{\sqrt{m}\, m!}{\frac{1}{2}\left(\frac{1}{2}+1\right)\left(\frac{1}{2}+2\right)\cdots\left(\frac{1}{2}+m\right)}$ 의 값을 구하는 코드는 아래와 같다.

Limit[(Sqrt[n]*Factorial[n])/Product[1/2+k,{k,0,n,1}],n->Infinity]

≫≫≫

$$\sqrt{\pi}$$

<보충설명>

Sqrt[함수]대신 {함수^0.5 }을 사용하거나 1/2 대신 0.5를 대입하여 식을 구성하면 정확한 값 대신 근삿값을 출력한다는 것에 유의하자.

다. 감마함수의 그래프

감마함수의 그래프는 간단하게 Plot함수를 활용하여 그릴 수 있다.

f[x_]:=Gamma[x];
Plot[f[x],{x,-5,6}]

≫≫≫

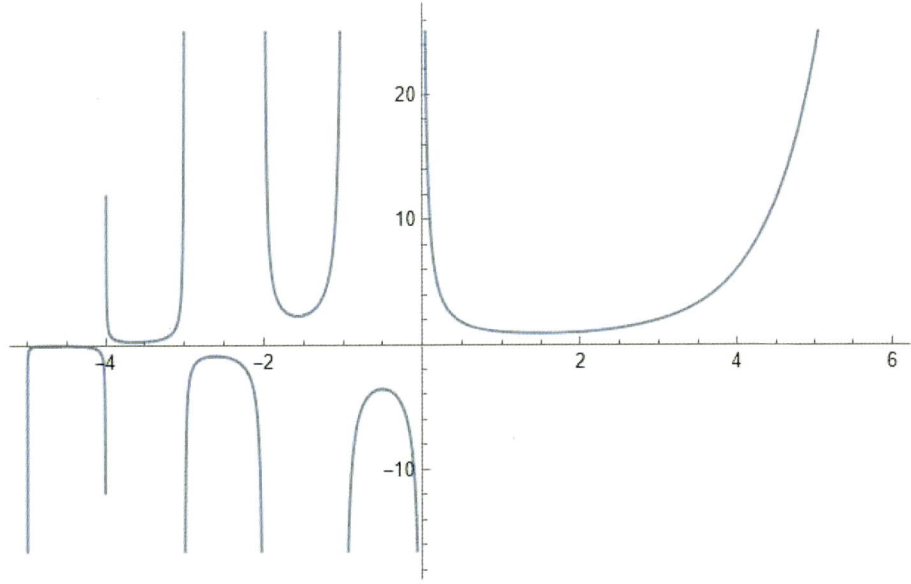

<보충설명>

감마함수는 0 및 음의정수에서 발산함에 유의해야 한다. 그리고 실수좌표축에서 감마함수를 그릴 때 적분을 이용하여 감마함수를 정의하면 $x<0$ 일 때는 함수가 발산하므로 그래프를 위와 같이 그릴 수 없다는 것에 주의하자.

14. 경사하강법

경사하강법은 함수의 기울기(경사)를 구하여 경사의 반대 방향으로 반복하여 이동시키는 과정을 통해 극값에 이르게 되는 방법을 의미한다. 이는 최소제곱문제의 지역적 근사해를 얻는 데 활용된다.

경사하강법의 수학적 설명은 이상구 외(2020)(인공지능을 위한 기초수학 입문,경문사)를 일부 참고하였다.

가. 미분가능한 함수의 최솟값 찾기

(1) 알고리즘

미분가능한 함수의 최솟값을 찾는 알고리즘은 다음과 같다.

> <미분가능한 함수의 최솟값을 찾는 알고리즘>
> ① 초기해 x_1, 허용오차 $\epsilon\,(\in (0,1))$, 학습률 η를 정한다.
> ② $a_k = f'(x_k)$를 계산한다. 만약 $|a_k| \leq \epsilon$이면 알고리즘을 멈춘다.
> ③ $|a_k| > \epsilon$ 이면 $x_{k+1} = x_k - \eta a_k$, $k = k+1$ 로 정하고 ② 과정으로 돌아간다.

(2) 함수의 최솟값을 리스트로 나타내기

함수 $f(x) = x^2 - 2x + 3$ 으로 두면 $f'(x) = 2x - 2$가 되므로 $f'(1) = 0$이다.
최솟값은 $f(1) = 2$가 된다.

아래의 코드에서는 초기해와 다른 상수를 각각 $x_1 = 2$, $\eta = 0.2$, $\epsilon = 0.01$ 로 잡았다. 또한 편의상 η를 eta로 ϵ을 e로 정하였다.

```
f[x_]:=x^2-2x+3;
a[k_]:=f'[x[k]];
x[1]=2;
eta=0.2;
e=0.01;
k=1;
Print[{"k, a[k], x[k], f[x[k]]"}]
While[Abs[a[k]]>e,x[k+1]=x[k]-eta*a[k];k=k+1;Print[{k,a[k],x[k],f[x[k]]}]]
```

≫≫≫

```
{k, a[k], x[k], f[x[k]]}
{2, 1.2, 1.6, 2.36}
{3, 0.72, 1.36, 2.1296}
{4, 0.432, 1.216, 2.04666}
{5, 0.2592, 1.1296, 2.0168}
{6, 0.15552, 1.07776, 2.00605}
{7, 0.093312, 1.04666, 2.00218}
{8, 0.0559872, 1.02799, 2.00078}
{9, 0.0335923, 1.0168, 2.00028}
{10, 0.0201554, 1.01008, 2.0001}
{11, 0.0120932, 1.00605, 2.00004}
{12, 0.00725594, 1.00363, 2.00001}
```

<보충설명>

위의 코드에서 최솟값은 $k=12$일 때, $x_{12}=1.00363$이며 이 때의 함수값인 $f(x_{12})=2.00001$이 함수 $f(x)$의 최솟값으로 추정할 수 있다.

(3) 함수의 최솟값을 표와 화살표를 사용하여 나타내기

k값이 증가함에 따라 구해지는 여러 가지 값들을 표와 그래프로 정리하면 더욱 편리한데 이를 위해 Print 보다는 Append를 사용하기로 하자. 화살표를 통해 경사하강법을 사용하는 과정을 나타내었는데 여기서는 그래프의 가시성을 확보하기 위해 $k=1$부터 $k=3$까지만 화살표(Arrow)를 Table를 사용하여 나타내었다.

```
f[x_]:=x^2-2x+3;
a[k_]:=f'[x[k]];
x[1]=2;
eta=0.2;
e=0.01;
k=1;
akset={a[1]};
xkset={x[1]};
While[Abs[a[k]]>e,x[k+1]=x[k]-eta*a[k];k=k+1;xkset=Append[xkset,x[k]];
  akset=Append[akset,a[k]]];
list=Table[{i,akset[[i]],xkset[[i]],f[xkset[[i]]]},{i,1,k}];
plots=Table[{xkset[[i]],f[xkset[[i]]]},{i,1,k}];
```

```
gf=Plot[f[x],{x,0.8,2}];
plotlist=ListPlot[plots];
arrow=Graphics[Table[Arrow[{{plots[[i,1]],plots[[i,2]]},{plots[[i+1,1]],plots[[i+1,2]]}}
],
{i,1,3}]];
Show[{gf,plotlist,arrow}]
TableForm[list,TableHeadings->{{"find local minimum of f(x)","by gradient descent
method"},{"n","a[n]","x[n]","f[x[n]]"}}]
```

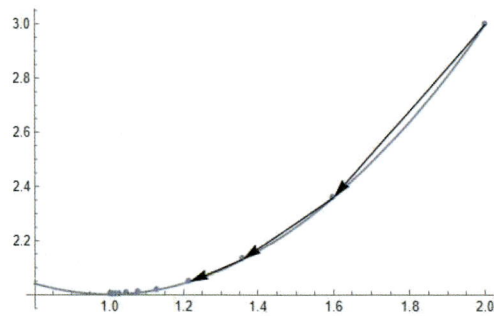

	n	a[n]	x[n]	f[x[n]]
find local minimum of f(x)	1	2	2	3
by gradient descent method	2	1.2	1.6	2.36
	3	0.72	1.36	2.1296
	4	0.432	1.216	2.04666
	5	0.2592	1.1296	2.0168
	6	0.15552	1.07776	2.00605
	7	0.093312	1.04666	2.00218
	8	0.0559872	1.02799	2.00078
	9	0.0335923	1.0168	2.00028
	10	0.0201554	1.01008	2.0001
	11	0.0120932	1.00605	2.00004
	12	0.00725594	1.00363	2.00001

나. 최소제곱 직선 찾기

(1) 알고리즘

주어진 데이터 순서쌍 $(u_1, v_1), (u_2, v_2), \cdots, (u_n, v_n)$에 가장 오차가 적은 직선 $y = a + bx$를 구해보자. 오차의 평균인 $E(a, b) = \dfrac{1}{n}\sum_{i=1}^{n}(E_i)^2 = \dfrac{1}{n}\sum_{i=1}^{n}[v_i - (a + bu_i)]^2$을 최소화하는 직선

$y = a + bx$를 경사하강법을 이용하여 해결하고자 한다.

> **<경사하강법의 알고리즘>**
> ① 초기해 (a_1, b_1), 허용오차 $\epsilon \, (\in (0,1))$, 학습률 η를 정한다.
> ② $(A_k, B_k) = \nabla E(a_k, b_k)$를 계산한다. 만약 $|(A_k, B_k)| \le \epsilon$이면 알고리즘을 멈춘다.
> ③ $|A_k, B_k| > \epsilon$ 이면 $a_{k+1} = a_k - \eta A_k$, $b_{k+1} = b_k - \eta B_k$, $k = k+1$ 로 정하고 ② 과정으로 돌아간다.

$(-1, 2), (1, 4), (2, 6), (4, 12)$를 지나는 최적인 직선의 방정식은 $y = a + bx$라고 두자. 오차의 평균 $E(a, b)$를 계산하면 다음과 같다.

$$E(a, b) = \frac{1}{4}\{(a-b-2)^2 + (a+b-4)^2 + (a+2b-6)^2 + (a+4b-12)^2\}$$

$$= 50 + a^2 - 12a + 3ab + \frac{11b^2}{2} - 31b$$

$E(a, b)$가 극값을 가질 때 $\nabla E(a, b) = (2a - 12 + 3b, 11b - 31 + 3a) = (0, 0)$이다.
이를 연립하면 $(a, b) = (3, 2)$이다.

$E(a, b)$를 $E(3, 2)$에 대해 2차 테일러 급수로 전개하자.

$$E(a, b) \fallingdotseq E(3, 2) + (a-3)^2 E_{aa}(3, 2) + (b-2)^2 E_{bb}(3, 2) + 2(a-3)(b-2)E_{ab}(3, 2)$$

$$= E(3, 2) + (a-3 \quad b-2) \begin{pmatrix} E_{aa}(3,2) & E_{ab}(3,2) \\ E_{ab}(3,2) & E_{bb}(3,2) \end{pmatrix} \begin{pmatrix} a-3 \\ b-2 \end{pmatrix}$$

$$= E(3, 2) + (a-3 \quad b-2) \begin{pmatrix} 2 & 3 \\ 3 & 11 \end{pmatrix} \begin{pmatrix} a-3 \\ b-2 \end{pmatrix}$$

행렬 $\begin{pmatrix} E_{aa}(3,2) & E_{ab}(3,2) \\ E_{ab}(3,2) & E_{bb}(3,2) \end{pmatrix} = \begin{pmatrix} 2 & 3 \\ 3 & 11 \end{pmatrix}$ 를 살펴보자.
위 행렬의 행렬식이 양수이고 대각성분이 모두 양수이므로
$E(a, b)$는 $a = 3, b = 2$ 에서 지역적 극솟값(최솟값) $E(3, 2)$를
가진다. 따라서 위에서 지정한 네 점을 지나는 최적인 직선의 방정식은 $y = 3 + 2x$이다.

(2) 최소제곱 직선을 리스트로 나타내기

이제 최적인 직선의 방정식을 찾기 위해
초기해와 다른 상수를 $(a_1, b_1) = (2, 2)$, $\eta = 0.12$, $\epsilon = 0.1$ 로 잡았다. 또한 편의상 η를 eta로 ϵ을 e로 정하였다.

```
Eav[a_,b_]:=((a-b-2)^2+(a+b-4)^2+(a+2*b-6)^2+(a+4*b-12)^2)/4;
A[k_]:=Derivative[1,0][Eav][a[k],b[k]]
B[k_]:=Derivative[0,1][Eav][a[k],b[k]]
norm[k_]:=Norm[{A[k],B[k]}]
Simplify[A[k]];
Simplify[B[k]];
a[1]=2;
b[1]=2;
eta=0.12;
e=0.1;
k=1;
Print[{"k, a[k], b[k], A[k], B[k], norm[k]"}]
While[Abs[norm[k]]>e,a[k+1]=a[k]-eta*A[k];b[k+1]=b[k]-eta*B[k];k=k+1;Print[{k,a[k],b[k],A[k],B[k],norm[k]}]]
```

≫≫≫

```
            {k, a[k], b[k], A[k], B[k], norm[k]}
            {2, 2.24, 2.36, -0.44, 1.68, 1.73666}
            {3, 2.2928, 2.1584, -0.9392, -0.3792, 1.01286}
            {4, 2.4055, 2.2039, -0.57728, 0.459456, 0.737802}
            {5, 2.47478, 2.14877, -0.604137, 0.0607949, 0.607188}
            {6, 2.54727, 2.14147, -0.48103, 0.198035, 0.5202}
            {7, 2.605, 2.11771, -0.436876, 0.1098, 0.450462}
            {8, 2.65742, 2.10453, -0.371553, 0.122139, 0.391114}
            {9, 2.70201, 2.08988, -0.326351, 0.0946746, 0.339806}
            {10, 2.74117, 2.07852, -0.282109, 0.0871904, 0.295276}
            {11, 2.77502, 2.06805, -0.245792, 0.0736585, 0.256591}
            {12, 2.80452, 2.05921, -0.213319, 0.0649143, 0.222977}
            {13, 2.83012, 2.05142, -0.185491, 0.0560222, 0.193767}
            {14, 2.85238, 2.0447, -0.161141, 0.0488498, 0.168383}
            {15, 2.87171, 2.03884, -0.140053, 0.042379, 0.146325}
            {16, 2.88852, 2.03375, -0.121697, 0.036858, 0.127156}
            {17, 2.90312, 2.02933, -0.105759, 0.0320164, 0.110499}
            {18, 2.91581, 2.02549, -0.0919024, 0.0278279, 0.0960232}
```

(3) 최소제곱 직선을 표와 화살표를 사용하여 나타내고 찾기

k값이 증가함에 따라 구해지는 여러 가지 값들을 표와 그래프로 정리하면 더욱 편리한데 이를 위해 Print 가 아닌 Append를 사용하기로 하자. 화살표를 통해 경사하강법을 사용하는 과정을 나타내었는데 여기서는 그래프의 가시성을 확보하기 위해 $k=1$부터 $k=3$까지만 화살표(Arrow)를 Table를 사용하여 나타내었다.

```
Eav[a_,b_]:=((a-b-2)^2 +(a+b-4)^2 +(a+2*b-6)^2 +(a+4*b-12)^2)/4;
A[k_]:=Derivative[1,0][Eav][a[k],b[k]]
B[k_]:=Derivative[0,1][Eav][a[k],b[k]]
norm[k_]:=Norm[{A[k],B[k]}]
Simplify[A[k]];
Simplify[B[k]];
a[1]=2;
b[1]=2;
eta=0.12;
e=0.1;
k=1;
akset={a[1]};
bkset={b[1]};
Akset={A[1]};
Bkset={B[1]};
normset={norm[1]};
While[Abs[norm[k]]>e,a[k+1]=a[k]-eta*A[k];b[k+1]=b[k]-eta*B[k];k=k+1;
  akset=Append[akset,a[k]];
  bkset=Append[bkset,b[k]];
  Akset=Append[Akset,A[k]];
  Bkset=Append[Bkset,B[k]];
  normset=Append[normset,norm[k]]];
list=Table[{i,akset[[i]],bkset[[i]],Akset[[i]],Bkset[[i]],normset[[i]]},{i,1,k}];
plots=Table[{akset[[i]],bkset[[i]],Eav[akset[[i]],bkset[[i]]]},{i,1,k}];
gf=Plot3D[Eav[a,b],{a,2,3},{b,2,2.5},AxesLabel->{"a","b"}];
points=Graphics3D[Table[{PointSize[0.01],Point[{plots[[i,1]],plots[[i,2]],plots[[i,3]]}]
},
{i,1,k}]];
```

arrow=Graphics3D[Table[{Arrowheads[0.03],Arrow[{{plots[[i,1]],plots[[i,2]],plots[[i,3]]},
{plots[[i+1,1]],plots[[i+1,2]],plots[[i+1,3]]}}]},{i,1,10}]];
Show[{gf,points,arrow}]
TableForm[list,TableHeadings->{{ "find the equation of"," a least squares line","by gradient descent method"},{"n","a[n]","b[n]","A[n]","B[n]","norm[n]"}}]

≫≫≫

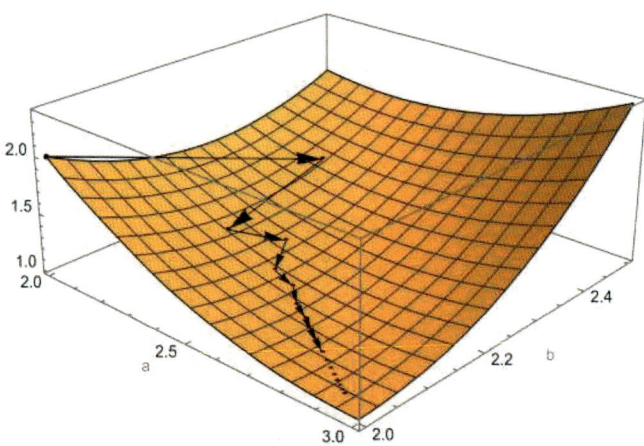

	n	a[n]	b[n]	A[n]	B[n]	norm[n]
find the equation of	1	2	2	-2	-3	$\sqrt{13}$
a least squares line	2	2.24	2.36	-0.44	1.68	1.73666
by gradient descent method	3	2.2928	2.1584	-0.9392	-0.3792	1.01286
	4	2.4055	2.2039	-0.57728	0.459456	0.737802
	5	2.47478	2.14877	-0.604137	0.0607949	0.607188
	6	2.54727	2.14147	-0.48103	0.198035	0.5202
	7	2.605	2.11771	-0.436876	0.1098	0.450462
	8	2.65742	2.10453	-0.371553	0.122139	0.391114
	9	2.70201	2.08988	-0.326351	0.0946746	0.339806
	10	2.74117	2.07852	-0.282109	0.0871904	0.295276
	11	2.77502	2.06805	-0.245792	0.0736585	0.256591
	12	2.80452	2.05921	-0.213319	0.0649143	0.222977
	13	2.83012	2.05142	-0.185491	0.0560222	0.193767
	14	2.85238	2.0447	-0.161141	0.0488498	0.168383
	15	2.87171	2.03884	-0.140053	0.042379	0.146325
	16	2.88852	2.03375	-0.121697	0.036858	0.127156
	17	2.90312	2.02933	-0.105759	0.0320164	0.110499
	18	2.91581	2.02549	-0.0919024	0.0278279	0.0960232

<보충설명>

ListPlot3D[점들리스트]보다는 Graphics3D[Table[Point[좌표]]]를 사용하는 것이 더 나아서 후자를 사용하였다.

화살표를 통해 경사하강법을 사용하는 과정을 나타내었는데 여기서는 그래프의 가시성을 확보하기 위해 $k=1$ 부터 $k=3$까지만 화살표(Arrow)를 Table를 사용하되 화살촉의 크기를 적절하게 나타내기 위해 Arrowheads를 추가하여 Graphics3D[Table[{Arrowheads[크기],Arrow[{점1,점2}]}]]의 형태로 코딩하였다.

norm[k]는 $\sqrt{A[k]^2 + B[k]^2}$ 을 의미한다.

매스매티카를 활용한
수학 물리 놀이하기 1

Ⅳ. 매스매티카의 여러 함수 기능 익히기

1. 좌표계 변환

좌표계 변환은 스칼라 혹은 벡터 혹은 방정식을 한 좌표계 표현에서 다른 좌표계 표현으로 변경하는 것을 의미한다. 매스매티카에서는 이 기능을 TransformedField 함수를 통해 적용할 수 있다. 이 함수의 사용 방법은 아래와 같다.

```
TransformedField["좌표계1"->"좌표계2",표현식,{좌표계1의 변수들}->{좌표계2의 변수들}]
```

아래는 여러 좌표계에서의 각각의 좌표와 단위벡터를 직교좌표계에서의 표현으로 나타낸 것이다.

차원	좌표계	직교좌표의 매개변수표현	단위벡터의 매개변수표현
2D	극좌표계 (r, θ)	$\begin{cases} x = r\cos\theta \\ y = r\sin\theta \end{cases}$	$\begin{cases} \hat{r} = \cos\theta\hat{x} + \sin\theta\hat{y} \\ \hat{\theta} = -\sin\theta\hat{x} + \cos\theta\hat{y} \end{cases}$
3D	구면좌표계 (r, θ, ϕ)	$\begin{cases} x = r\sin\theta\cos\phi \\ y = r\sin\theta\sin\phi \\ z = r\cos\theta \end{cases}$	$\begin{cases} \hat{r} = \sin\theta\cos\phi\hat{x} + \sin\theta\sin\phi\hat{y} + \cos\theta\hat{z} \\ \hat{\theta} = \cos\theta\cos\phi\hat{x} + \cos\theta\sin\phi\hat{y} - \sin\theta\hat{z} \\ \hat{\phi} = -\sin\theta\sin\phi\hat{x} + \sin\theta\cos\phi\hat{y} \end{cases}$
3D	실린더좌표계 (r, θ, Z)	$\begin{cases} x = r\cos\theta \\ y = r\sin\theta \\ z = Z \end{cases}$	$\begin{cases} \hat{r} = \cos\theta\hat{x} + \sin\theta\hat{y} \\ \hat{\theta} = -\sin\theta\hat{x} + \cos\theta\hat{y} \\ \hat{Z} = \hat{z} \end{cases}$

(각 좌표계의 좌표를 나타내는 특수문자는 [팔레트]-[기본수학도우미]-[조판]을 통해 입력할 수 있다.)

가. 스칼라 변환

좌표평면에서 혹은 좌표공간에서 또 다른 좌표평면 혹은 좌표공간으로 스칼라 함수를 변환할 때 TransformedField 함수를 아래와 같은 형식으로 사용한다.

```
TransformedField["좌표계1"->"좌표계2",스칼라,{좌표계1의 변수들}->{좌표계2의 변수들}]
```

TransformedField 함수를 이용하여 적용되는 좌표계에 따라 스칼라가 다양하게 변환되는 예시를 살펴보도록 하자.

(예시1) 직교좌표계에서 x는 극좌표계에서는 $r\cos\theta$가 된다.
TransformedField["Cartesian"->"Polar",x, {x,y}->{r,θ}]

≫≫≫

    r Cos[θ]

(예시2) 직교좌표계에서 x^2+y^2은 극좌표계에서는 r^2이 된다.
TransformedField["Cartesian"->"Polar",x^2 +y^2, {x,y}->{r,θ}]
TransformedField["Cartesian"->"Polar",x^2 +y^2, {x,y}->{r,θ}]//Simplify

≫≫≫

    r² Cos[θ]² + r² Sin[θ]²

    r²

(예시3) 극좌표계에서 $r\cos 2\theta$는 직교좌표계에서 $\dfrac{x^2-y^2}{\sqrt{x^2+y^2}}$ 이다.

하지만 매스매티카에서는 $\sqrt{x^2+y^2}\cos(2\arctan(x,y))$로 계산한다.
TransformedField["Polar"->"Cartesian",r*Cos[2*θ],{r,θ}->{x,y}]

≫≫≫

    √(x² + y²) Cos[2 ArcTan[x, y]]

(예시4) 직교좌표계에서 x는 구면좌표계에서는 $r\cos\phi\sin\theta$가 된다.
TransformedField["Cartesian"->"Spherical",x,{x,y,z}->{r,θ,φ}]

≫≫≫

    r Cos[φ] Sin[θ]

(예시5) 직교좌표계에서 z는 구면좌표계에서는 $r\cos\theta$가 된다.
TransformedField["Cartesian"->"Spherical",z,{x,y,z}->{r,θ,φ}]

≫≫≫

    r Cos[θ]

나. 방정식 변환

좌표평면에서 혹은 좌표공간에서 또 다른 좌표평면 혹은 좌표공간으로 방정식을 변환할 때 TransformedField 함수를 아래와 같은 형식으로 사용한다.

```
TransformedField["좌표계1"->"좌표계2",방정식,{좌표계1의 변수들}->{좌표계2의 변수들}]
```

TransformedField 함수를 이용하여 적용되는 좌표계에 따라 방정식이 다양하게 변환되는 예시를 살펴보도록 하자.

(예시1) 구면좌표계에서 $r=1$은 직교좌표계에서는 $x^2+y^2+z^2=1$이다.
TransformedField["Spherical"->"Cartesian",r==1,{r,θ,φ}->{x,y,z}]

≫≫≫

$$\sqrt{x^2+y^2+z^2}==1$$

(예시2) 극좌표계에서 $r=1$은 직교좌표계에서 $x^2+y^2=1$이다.
TransformedField["Polar"->"Cartesian",r==1,{r,θ}->{x,y}]

≫≫≫

$$\sqrt{x^2+y^2}==1$$

(예시3) 실린더좌표계에서 $r+z=1$은 직교좌표계에서 $\sqrt{x^2+y^2}+z=1$이다.
TransformedField["Cylindrical"->"Cartesian",r+Z==1,{r,θ,Z}->{x,y,z}]

≫≫≫

$$\sqrt{x^2+y^2}+z==1$$

다. 벡터 변환

좌표평면에서 혹은 좌표공간에서 또 다른 좌표평면 혹은 좌표공간으로 벡터를 변환할 때 TransformedField 함수를 아래와 같은 형식으로 사용한다.

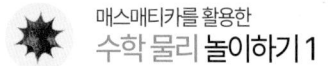

> TransformedField["좌표계1"->"좌표계2",벡터,{좌표계1의 변수들}->{좌표계2의 변수들}]
> (벡터는 {a,b,c}꼴로 표현)

2-직교좌표계에서 벡터 $(f(x,y), g(x,y))$를 극좌표 벡터로 변환시키려 한다. 이 때는 아래의 방정식을 풀어 나온 r_1, θ_1값으로 벡터를 (r_1, θ_1)로 변환하여 표현할 수 있다.

$$(f(x,y), g(x,y)) = r_1\hat{r} + \theta_1\hat{\theta} = r_1(\cos\theta, \sin\theta) + \theta_1(-\sin\theta, \cos\theta)$$

3-직교좌표계에서 벡터 $(f(x,y,z), g(x,y,z), h(x,y,z))$를 구면좌표 벡터로 변환시키려 한다. 이 때는 아래의 방정식을 풀어 나온 r_1, θ_1, ϕ_1값으로 벡터를 (r_1, θ_1, ϕ_1)로 변환하여 표현할 수 있다.

$$(f(x,y,z), g(x,y,z), h(x,y,z)) = r_1\hat{r} + \theta_1\hat{\theta} + \phi_1\hat{\phi}$$
$$= r_1(\sin\theta\cos\phi, \sin\theta\sin\phi, \cos\theta) + \theta_1(\cos\theta\cos\phi, \cos\theta\sin\phi, -\sin\theta) + \phi_1(-\sin\phi, \cos\phi, 0)$$

3-직교좌표계에서 벡터 $(f(x,y,z), g(x,y,z), h(x,y,z))$를 실린더좌표 벡터로 변환시키려 한다. 이 때는 아래의 방정식을 풀어 나온 r_1, θ_1, z_1값으로 벡터를 (r_1, θ_1, z_1)로 변환하여 표현할 수 있다.

$$(f(x,y,z), g(x,y,z), h(x,y,z)) = r_1\hat{r} + \theta_1\hat{\theta} + z_1\hat{z}$$
$$= r_1(\cos\theta, \sin\theta, 0) + \theta_1(-\sin\theta, \cos\theta, 0) + z_1(0, 0, 1)$$

TransformedField 함수를 이용하여 적용되는 좌표계에 따라 벡터가 다양하게 변환되는 예시를 살펴보도록 하자. 이 경우는 TransformedField 함수를 적용한 말미에 {//Simplify}를 추가하여야 계산이 간소화되어 나타나는 것에 유의하도록 하자.

(예시1) 직교좌표계에서 벡터(x,y)는 극좌표계에서는 $(r,0)$이 된다.
TransformedField["Cartesian"->"Polar",{x,y},{x,y}->{r,θ}]
TransformedField["Cartesian"->"Polar",{x,y},{x,y}->{r,θ}]//Simplify
≫≫≫
    {r Cos[θ]² + r Sin[θ]², 0}

    {r, 0}

(예시2) 직교좌표계에서 벡터$(-y,x)$는 극좌표계에서는 $(0,r)$이 된다.
```
TransformedField["Cartesian"->"Polar",{-y,x},{x,y}->{r,θ}]
TransformedField["Cartesian"->"Polar",{-y,x},{x,y}->{r,θ}]//Simplify
```
≫≫≫

$\{0, r\, \text{Cos}[\theta]^2 + r\, \text{Sin}[\theta]^2\}$

$\{0, r\}$

(예시3) 직교좌표계에서 벡터(y,x)는 극좌표계에서는 $r(\sin 2\theta, \cos 2\theta)$이 된다.
```
TransformedField["Cartesian"->"Polar",{y,x},{x,y}->{r,θ}]
TransformedField["Cartesian"->"Polar",{y,x},{x,y}->{r,θ}]//Simplify
```
≫≫≫

$\{2r\,\text{Cos}[\theta]\,\text{Sin}[\theta], r\,\text{Cos}[\theta]^2 - r\,\text{Sin}[\theta]^2\}$

$\{r\,\text{Sin}[2\theta], r\,\text{Cos}[2\theta]\}$

(예시4) 직교좌표계에서 벡터(x,y,z)는 구면좌표계에서는 $(r,0,0)$이 된다.
```
TransformedField["Cartesian"->"Spherical",{x,y,z},{x,y,z}->{r,θ,ϕ}]
TransformedField["Cartesian"->"Spherical",{x,y,z},{x,y,z}->{r,θ,ϕ}]//Simplify
```
≫≫≫

$\{r\,\text{Cos}[\theta]^2 + r\,\text{Cos}[\phi]^2\,\text{Sin}[\theta]^2 + r\,\text{Sin}[\theta]^2\,\text{Sin}[\phi]^2,$
$-r\,\text{Cos}[\theta]\,\text{Sin}[\theta] + r\,\text{Cos}[\theta]\,\text{Cos}[\phi]^2\,\text{Sin}[\theta] + r\,\text{Cos}[\theta]\,\text{Sin}[\theta]\,\text{Sin}[\phi]^2, 0\}$

$\{r, 0, 0\}$

2. 레벨 집합

레벨 집합은 다변수함수의 함숫값이 상수로서 일정하게 되는 영역을 정의역의 부분집합으로 나타낸 것을 말한다. 매스매티카에서 레벨 집합을 그리고 싶을때는 ContourPlot함수를 사용하는데 이 함수의 사용 방법은 아래와 같다.

<동일한 좌표계에 레벨집합 그리기>
① 좌표평면에서 ContourPlot[방정식,{변수1,아래끝,위끝},{변수2,아래끝,위끝}]
② 좌표공간에서 ContourPlot3D[방정식,{변수1,아래끝,위끝},{변수2,아래끝,위끝},{변수3,아래끝,위끝}]

하지만 한 좌표계에서의 레벨집합을 또 다른 좌표계에서의 레벨 집합으로 표시하려면 TransformedField함수와 함께 사용해야 하는데 방법은 다음과 같다.

<서로 다른 좌표계에 레벨집합 그리기>
① 좌표평면에서 eqn=TransformedField["좌표계1"->"좌표계2",방정식,{좌표계1의 변수들}->{좌표계2의 변수들}] ContourPlot[eqn//Evaluate,{변수1,아래끝,위끝},{변수2,아래끝,위끝}]
② 좌표공간에서 eqn=TransformedField["좌표계1"->"좌표계2",방정식,{좌표계1의 변수들}->{좌표계2의 변수들}] ContourPlot3D[eqn//Evaluate,{변수1,아래끝,위끝},{변수2,아래끝,위끝}]

이제 레벨 집합을 다양한 좌표계에서 예시를 통해 그려보도록 하겠다.

(예시1) 레벨 집합 $|x|+|y|=1$ (직교좌표계)을 그려보자.
ContourPlot[Abs[x]+Abs[y]==1,{x,-2,2},{y,-2,2},Axes->True,AxesLabel->{"x","y"}]

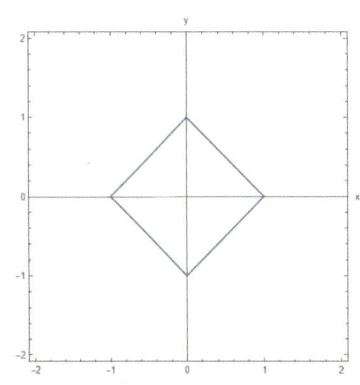

(예시2) 레벨 집합 $r = \sin\theta$ (극좌표계)를 직교좌표계에서 그려보자.

eqn=TransformedField["Polar"->"Cartesian",r==Sin[t],{r,t}->{x,y}]
ContourPlot[eqn//Evaluate,{x,-1.5,1.5},{y,-1,2},Axes->True,AxesLabel->{"x","y"}]

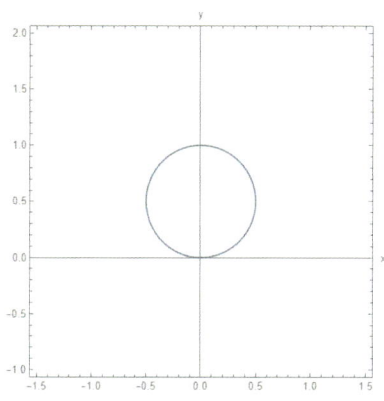

(예시3) 레벨 집합 $x^2 + y^2 - z^2 = 1$ (직교좌표계)을 그려보자.

ContourPlot3D[x^2+y^2-z^2==1,{x,-10,10},{y,-10,10},{z,-10,10},
Axes->True,AxesLabel->{"x","y","z"}]

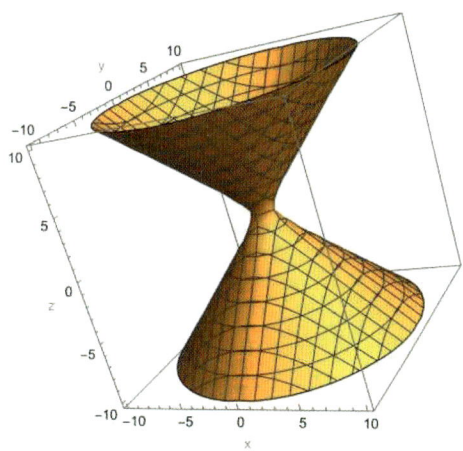

(예시4) 레벨 집합 $r = 1$ (구면좌표계)를 직교좌표계에서 그려보자.

eqn=TransformedField["Spherical"->"Cartesian",r==1,{r,θ,φ}->{x,y,z}]
ContourPlot3D[eqn//Evaluate,{x,-1.5,1.5},{y,-1.5,1.5},{z,-1.5,1.5},Axes->True,
AxesLabel->{"x","y","z"}]

≫≫≫

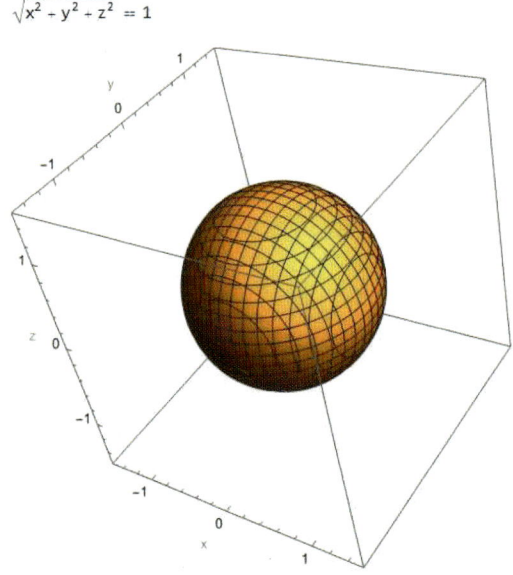

(예시5) 레벨 집합 $\{(r\cos\theta)^2 - 1\}^2 = 0.15\, e^{1.5r}$ (구면좌표계)를 직교좌표계에서 그려보자.

```
eqn=TransformedField["Spherical"->"Cartesian",(((r*Cos[θ])^2)-1)^2==0.15*Exp[1.5*r],
{r,θ,ϕ}->{x,y,z}]
ContourPlot3D[eqn//Evaluate,{x,-4,4},{y,-4,4},{z,-7,7},Axes->True,AxesLabel->{"x","y"
,"z"}]
```

≫≫≫

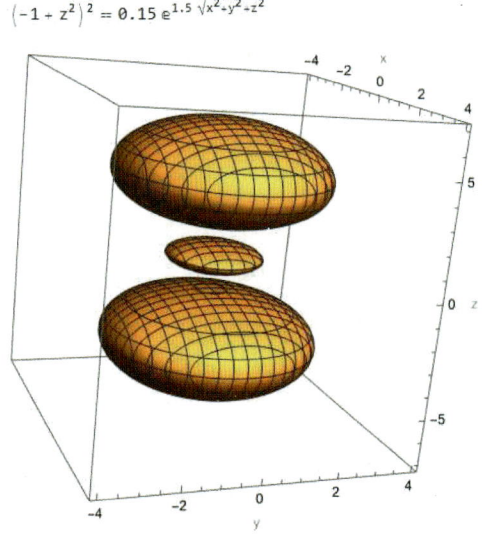

3. 부등식의 영역

좌표평면 혹은 좌표공간에서 부등식의 영역을 표현할 때는 RegionPlot 함수를 사용한다. 이 함수의 사용 방법은 아래와 같다.

<부등식의 영역 그리기>

① 좌표평면에서

RegionPlot[부등식,{변수1,아래끝,위끝},{변수2,아래끝,위끝}]

② 좌표공간에서

RegionPlot3D[부등식,{변수1,아래끝,위끝},{변수2,아래끝,위끝}]

하지만 한 좌표계에서의 부등식의 영역을 또 다른 좌표계에서의 영역으로 표시하려면 TransformedField 함수와 함께 사용해야 하는데 방법은 다음과 같다.

<서로 다른 좌표계에 레벨집합 그리기>

① 좌표평면에서

eqn=TransformedField["좌표계1"->"좌표계2",방정식,{좌표계1의 변수들}->{좌표계2의 변수들}]

RegionPlot[eqn//Evaluate,{변수1,아래끝,위끝},{변수2,아래끝,위끝}]

② 좌표공간에서

eqn=TransformedField["좌표계1"->"좌표계2",방정식,{좌표계1의 변수들}->{좌표계2의 변수들}]

RegionPlot3D[eqn//Evaluate,{변수1,아래끝,위끝},{변수2,아래끝,위끝}]

가. 부등식의 영역 그리기

부등식의 영역을 다양한 좌표계에서 예시를 통해 그려보도록 하겠다.

(예시1) 부등식의 영역 $x^2+y^2<2$ (직교좌표계)을 그려보자.

RegionPlot[x^2+y^2<2,{x,-2,2},{y,-2,2}]

≫≫≫

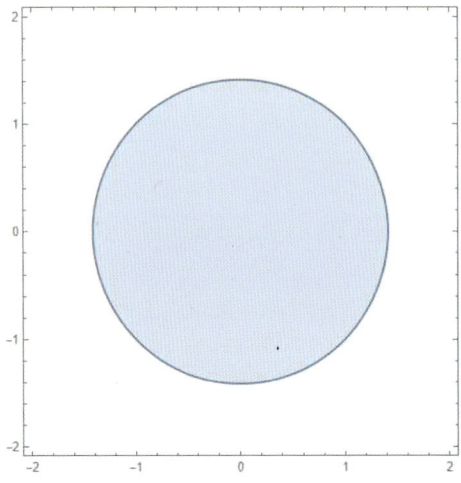

(예시2) 부등식의 영역 $x^2+y-z>2$ (직교좌표계)을 그려보자.

RegionPlot3D[x^2+y-z>2,{x,-3,3},{y,-2,2},{z,-2,2},AxesLabel->{"x","y","z"}]

≫≫≫

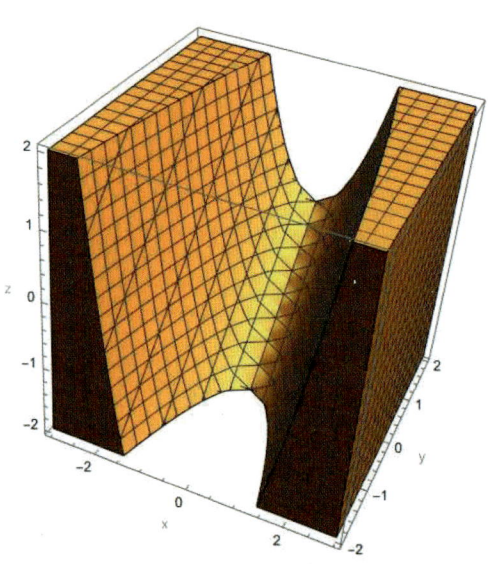

(예시3) 연립부등식의 영역 $x^2+y^2+z^2<4$, $x+y+z>0$ (직교좌표계)을 그려보자.
RegionPlot3D[x^2+y^2+z^2<4&&x+y+z>0,{x,-2.5,2.5},{y,-2.5,2.5},{z,-2.5,2.5},
AxesLabel->{"x","y","z"}]

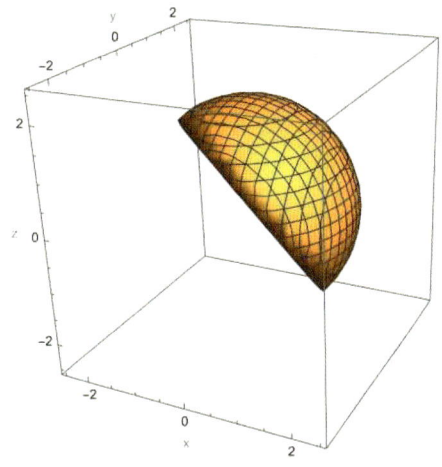

<보충설명>
두가지 이상의 조건을 만족하는 3D영역을 그리고자 할때는 RegionPlot3D[영역&&영역,범위]로 입력한다.

(예시4) 부등식의 영역 $r(1+0.5\cos\theta)<2$ (극좌표계)를 직교좌표계에서 그려보자.
eqn=TransformedField["Polar"->"Cartesian",r*(1+0.5*Cos[θ])<2,{r,θ}->{x,y}]
RegionPlot[eqn//Evaluate,{x,-4,3},{y,-3.5,3.5},Axes->True,AxesLabel->{"x","y"}]

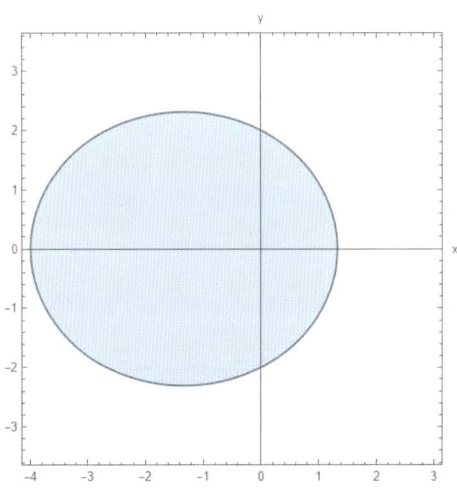

> <보충설명>
>
> 위에서 영역의 경계선은 $\frac{\alpha}{r} = 1 + \epsilon \cos\theta$ 에서 $\alpha = 2$, $\epsilon = 0.5$ 에 해당하므로 원점이 초점이고 이심률이 0.5인 타원을 뜻한다.

나. 부등식을 만족하는 양함수 그래프 그리기

양함수의 그래프(혹은 레벨 집합)를 영역을 지정하여 그릴 때는 RegionFunction 옵션을 추가하여 사용한다. 사용형식은 다음과 같다.

① 좌표평면에서
Plot[함수, {변수1,아래끝,위끝},
RegionFunction->Function[{변수1,변수2},부등식]
② 좌표공간에서
Plot3D[함수,{변수1,아래끝,위끝},{변수2,아래끝,위끝},
RegionFunction->Function[{변수1,변수2,변수3},부등식]

부등식을 만족하는 양함수 그래프를 그려보자.

(예시) 부등식의 영역 $x^2 + y^2 < 0.5$ 혹은 $x^2 + y^2 > 3$ 에서 양함수 $z = x^2 + y^2$을 그려보자.

Plot3D[x^2+y^2,{x,-3,3},{y,-3,3},RegionFunction->
Function[{x,y,z},x^2+y^2<0.5||x^2+y^2>3],AxesLabel->{"x","y","z"}]

≫≫≫

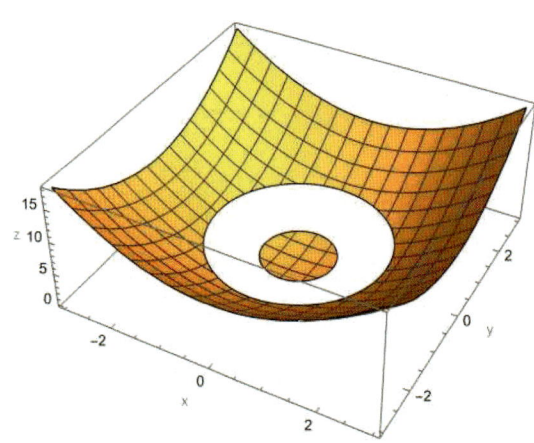

<보충설명>

조건1과 조건2를 동시에 만족하는 것을 표현할 때는 조건1&&조건2를 입력하며,

조건1 혹은 조건2를 만족하는 것을 표현할 때는 조건1||조건2를 입력한다.

(| 기호키 는 키보드의 Backspace 키와 Enter 키 사이에 있다)

다. 부등식을 만족하는 레벨 집합 그리기

음함수 방정식의 그래프(혹은 레벨 집합)를 부등식의 영역을 지정하여 그릴 때는 RegionFunction 옵션을 추가하여 사용한다. 사용형식은 다음과 같다.

① 좌표평면에서

ContourPlot[방정식, {변수1,아래끝,위끝},{변수2,아래끝,위끝},

RegionFunction->Function[{변수1,변수2},부등식]

② 좌표공간에서

ContourPlot3D[함수, {변수1,아래끝,위끝},{변수2,아래끝,위끝},{변수3,아래끝,위끝},

RegionFunction->Function[{변수1,변수2,변수3},부등식]

부등식을 만족하는 레벨 집합 그래프를 그려보자.

(예시) 부등식의 영역 $5 < x^2 + y^2 < 15$에서 레벨 집합 $x^2 + y^2 - z^2 = 4$ 을 그려보자.

ContourPlot3D[x^2+y^2-z^2==4,{x,-4,4},{y,-4,4},{z,-4,4},
RegionFunction->Function[{x,y,z},5<x^2+y^2<15],AxesLabel->{"x","y","z"}]

≫≫≫

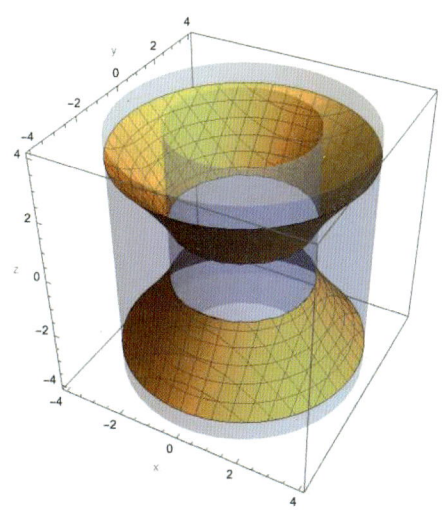

4. 반복문(Do, For, While, Until)

반복문에서 사용되는 함수로 Do, For, While, Until 함수에 대해 다뤄보도록 하겠다. 반복문을 잘 사용한다면 다양한 프로그램을 짜는 데 유용하다.

가. Do

Do함수의 사용법은 아래와 같다.

> Do[f[i],{i,a,b}]는 식 $f[i]$를 i가 a부터 b까지 1씩 증가하여 계산하고 시행한다.

Do 함수를 이용한 예시를 살펴보도록 하겠다.

(예시1) S[n]을 입력하면 1^2, 1^2+2^2, $1^2+2^2+3^2$, $\cdots$, $1^2+2^2+\cdots+n^2$ 인 n개의 값을 순차적으로 출력하고자 한다. 코드는 아래와 같다.

```
s[1]=0;
S[n_]:=Do[Print[s[k+1]=s[k]+k^2],{k,1,n}]
S[3]
```

≫≫≫
```
          1
          5
         14
```

동일한 코드는 아래와 같다.
```
s[1]=0;
S[n_]:=Do[s[k+1]=s[k]+k^2;Print[s[k+1]],{k,1,n}]
S[3]
```

> <보충설명>
> 위 코드에서는 s[k+1]을 k=1,2,3 에 대해 출력을 요청하고 있다. Do[Print[Sum[i^2,{i,1,k}]],{k,1,3}] 는 동일한 결과를 출력한다. Sum[f[i],{i,1,k}]는 $\sum_{i=1}^{k} f(i)$를 의미한다.

(예시2) S[n]을 입력하면 "s[k]=" 과 함께 우측에 $\sum_{i=1}^{k} i^2$의 값을 순차적으로 $i=1$부터 $i=k$까지 출력하고자 한다. 코드는 아래와 같다.

```
s[1]=0;
S[n_]:=Do[s[k+1]=s[k]+k^2;Print["s["<>ToString[k]<>"]="<>ToString[s[k+1]]],{k,1,n}]
S[3]
```
≫≫≫
      s[1]=1
      s[2]=5
      s[3]=14

나. For

For 함수의 사용법은 아래와 같다.

> For[시작,테스트,i++,바디]는 시작에서 실행하여 테스트를 실행하여 참이면 바디를 실행하고 i를 1씩 증가시키고 테스트를 실행하여 참이면 바디를 반복실행하고 아니면 종료하는 코드를 의미한다. 여기서 {i++} 대신에 {i=i+1} 로 대체하여도 결과는 동일하다.

For 함수를 이용한 예시를 살펴보도록 하겠다.

(예시1) $1!$, $2!$, $3!$ 까지의 값을 출력하고자 한다. 코드는 아래와 같다.
```
For[i=1,i<=3,i++,Print[i!]]
```
≫≫≫
      1
      2
      6

(예시2) S[n]을 입력하면 1^2, 1^2+2^2, $1^2+2^2+3^2$, $\cdots$, $1^2+2^2+\cdots+n^2$ 인 n개의 값을 순차적으로 출력하고자 한다. 코드는 아래와 같다.
```
S[n_]:=For[i=1,i<=n,i++,s[0]=0;s[i]=s[i-1]+i^2;Print[s[i]]]
S[3]
```
≫≫≫
      1
      5
      14

(예시3) 1부터 10까지의 자연수에 대해 홀짝을 판별하여 출력하고자 한다. 코드는 아래와 같다.
```
B1={1,2,3,4,5,6,7,8,9,10};
```

```
B2={};
For[i=1,i<10+1,i++,If[Mod[B1[[i]],2]==0,B2=Append[B2,"even"],B2=Append[B2,"odd"]
];]
B2
```

≫≫≫

{odd,even,odd,even,odd,even,odd,even,odd,even}

> <보충설명>
>
> 위 코드에서는 리스트 B1의 원소에 대하여 순차적으로 홀짝을 판별하여 그 결과를 새로운 리스트 B2에 추가(Append)하고 있다. Append를 통해 원소를 하나씩 추가하는 경우에는 최초 리스트 B2는 공집합{}으로 설정하여야 한다.

다. While

While 함수의 사용법은 아래와 같다.

> While[테스트,바디] 는 테스트가 참이면 바디를 실행하고 아니면 다시 테스트의 참/거짓 여부를 판단하면서 반복실행하고 테스트가 거짓이면 실행을 종료함을 의미하는 코드이다. 보통 바디에는 i++가 포함된다. 따라서 통상 바디는 {i++;바디1} 혹은 {바디1;i++}로 코딩한다. 여기서 {i++} 대신에 {i=i+1} 로 대체하여도 결과는 동일하다.

While 함수를 이용한 예시를 살펴보도록 하겠다.

(예시1) 1! , 2! , 3! , 4!를 순차적으로 계산하여 출력하고자 한다. 코드는 아래와 같다.

```
i=0;
While[i<4,i++;Print[i!]]
```

≫≫≫

   1
   2
   6
   24

> <보충설명>
>
> 위 코드에서는 i++ 와 Print이하까지가 바디에 해당한다.
>
> 통상 While이나 Until함수에서 바디는 {i++;바디1} 혹은 {바디1;i++}로 코딩하는데 코드에는 순서가 중요하므로 전과 후가 서로 다른 결과를 출력할 수도 있음에 유의하자.

(예시2) S[n]을 입력하면 1^2, 1^2+2^2, $1^2+2^2+3^2$, $\cdots$, $1^2+2^2+\cdots+n^2$ 인 n개의 값을 순차적으로 출력하고자 한다. 코드는 아래와 같다.

```
i=0;
S[n_]:=While[i<n,i++;s[0]=0;s[i]=s[i-1]+i^2;Print[s[i]]]
S[3]
```

위 코드는 이장훈(2012)(Mathematica GuideBook,교우사)를 참조하였다.

≫≫≫
　　　1
　　　5
　　　14

위와 동일한 코드는 아래와 같다.

```
i=0;
s[0]=0;
S[n_]:=While[i<n,i++;s[i]=s[i-1]+i^2;Print[s[i]]]
```

라. Until

Until 함수의 사용법은 아래와 같다.

> Until[테스트,바디] 는 테스트가 거짓이면 바디를 실행하고 다시 테스트의 참/거짓 여부를 판단하며 반복실행하고 테스트가 참이면 실행을 하지 않고 종료함을 의미하는 코드이다. 보통 바디에는 i++가 포함된다. 따라서 통상 바디는 {i++;바디1} 혹은 {바디1;i++}로 코딩한다. 여기서 {i++} 대신에 {i=i+1} 로 대체하여도 결과는 동일하다.

Until 함수를 이용한 예시를 살펴보도록 하겠다.

(예시1) 자연수 1부터 9까지 아홉 개의 자연수의 합을 출력하고자 한다. 코드는 아래와 같다.

```
n=1;
s=0;
Until[n==10,s=s+n;n=n+1;]
s
```

≫≫≫
　　　45

<보충설명>

n=n+1 부분은 n++ 로 대체하여 코딩을 제작하여도 동일한 결과를 출력한다. Until이하 바디에 해당하는 {s=s+n;n=n+1;}에서 두 식의 순서를 바꾸면 결과가 달라지게 되는 것에 유의하자.

While을 사용하여 위와 동일한 코드를 아래와 같이 제작할 수도 있다.

n=1;
s=0;
While[n<10,s=s+n;n=n+1;]
s

(예시2) 유클리드 알고리즘에 근거한 두 자연수 a, b 의 최대공약수를 구하는 코드를 여러 가지로 제시하였다.

Wolfram Language Documentation Center 를 일부 참고하였다.

{a,b}={56,16};
Until[a*b==0,If[a>b,{a,b}={a-b,b},{a,b}={a,b-a}]]
a+b

≫≫≫

    8

{a,b}={56,16};
Until[b==0,{a,b}={b,Mod[a,b]}]
a

≫≫≫

    8

<보충설명>

Mod[a,b]는 a를 b로 나눈 나머지를 출력한다.

{a,b}={56,16};
While[a*b>0,If[a>b,{a,b}={a-b,b},{a,b}={a,b-a}]]
Max[a,b]

≫≫≫

    8

<보충설명>

위의 코드에서 테스트인 $a*b > 0$ 부분이 $a*b \neq 0$이어도 동일한 결과를 출력한다. 여기서 $a*b! = 0$으로 $\{!, =\}$을 차례대로 입력하면 $\{\neq\}$을 의미하므로 $a*b \neq 0$가 자동으로 입력된다.

```
{a,b}={56,16};
While[b>0,{a,b}={b,Mod[a,b]}]
a
```

      8

<보충설명>

위의 코드에서 테스트인 $b > 0$ 부분이 $b \neq 0$이어도 동일한 결과를 출력한다. 여기서 $b! = 0$으로 $\{!, =\}$을 차례대로 입력하면 $\{\neq\}$을 의미하므로 $b \neq 0$가 자동으로 입력된다.

〈참고: 유클리드 호제법〉

두 자연수 사이의 최대공약수를 구하는 알고리즘을 말함.

유클리드 호제법은 아래의 정리에 의하여 성립하게 된다.

정리	$a, b \in N$ 일 때, $(q, r \in \{0, 1, 2, 3, \cdots\})$ $a = bq + r$ 로 표시될 때 $(a, b) = (b, r)$ 이다.

5. 점들을 이어 다각선 혹은 화살표로 나타내기

리스트의 점의 쌍들을 좌표평면에 점으로 표시하는 것을 ListPlot을 사용하면 된다. 하지만 리스트에 있는 점들을 선으로 잇는 것은 Line함수를 사용하는데 이러한 기능은 운동하는 입자의 경로를 추적하거나 점의 변화 추이를 나타내는 데 상당히 유용하다.

리스트를 다각선으로 이을 때 리스트의 원소가 어느 레벨에서 묶여 있는지도 다각선으로 나타내는 데 있어 중요하다.

또한 점들을 선이 아닌 화살표로 나타내는 것도 입자의 운동 방향을 함께 나타내는 데 유용할 것이므로 함께 살펴보기로 하자.

가. 리스트의 점들을 다각선으로 잇기

리스트 A를 A={{{1,1},{2,1}},{{2,2},{3,1}}} 라고 하자.

A는 두 개의 리스트로 이뤄져 있고, 각 리스트 당 2개의 점을 원소로 가지고 있다.

(1) 리스트별로 구분하여 다각선으로 잇기

```
A={{{1,1},{2,1}},{{2,2},{3,1}}};
Show[Graphics[Line[A]],Axes->True, PlotRange->{{0,3.5},{0,2}}]
```

≫≫≫

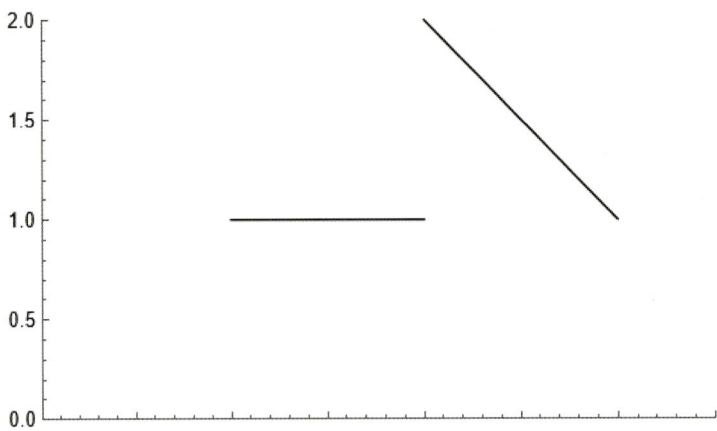

(2) 리스트의 구분을 해제하고 다각선으로 잇기

```
A={{{1,1},{2,1}},{{2,2},{3,1}}};
B=Flatten[A,1]
Show[Graphics[Line[B]],Axes->True, PlotRange->{{0,3.5},{0,2}}]
```

≫≫≫

{{1,1},{2,1},{2,2},{3,1}}

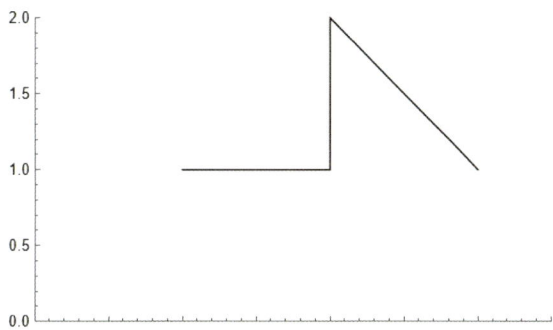

점들이 리스트에 포함되어 있을 때 리스트를 레벨을 정해주지 않고 완전히 Flatten함수에 적용시키면 숫자들을 나열한 리스트가 되므로 주의하도록 하자.

```
C = Flatten[A]
```

≫≫≫

{1,1,2,1,2,2,3,1}

나. 리스트의 점들을 화살표로 잇기

A={{{1,1},{2,1},{2,2},{3,2}},{{4,1},{5,1},{5,2},{6,2}}};

A는 두 개의 리스트로 이뤄져 있고, 각 리스트 당 4개의 점을 원소로 가지고 있다. 따라서 A의 원소는 리스트 2개이다(Length[A]=2).

(1) 리스트별로 구분하여 화살표로 잇기

이 때는 Take함수를 사용한다. Take[리스트,n]는 리스트의 원소를 앞에서부터 n개를 추출하는 것이고 Take[리스트,-n]은 리스트의 원소를 뒤에서부터 n개를 추출한다.

A={{{1,1},{2,1},{2,2},{3,2}},{{4,1},{5,1},{5,2},{6,2}}};

```
A1=Flatten[Take[A,1],1];
A2=Flatten[Take[A,-1],1];
arrow1=Graphics[Table[Arrow[{{A1[[k,1]],A1[[k,2]]},{A1[[k+1,1]],A1[[k+1,2]]}}],{k,1,3}]];
arrow2=Graphics[Table[Arrow[{{A2[[k,1]],A2[[k,2]]},{A2[[k+1,1]],A2[[k+1,2]]}}],{k,1,3}]];
Show[{arrow1,arrow2},Axes->True,PlotRange->{{0,6},{0,2}}]
```

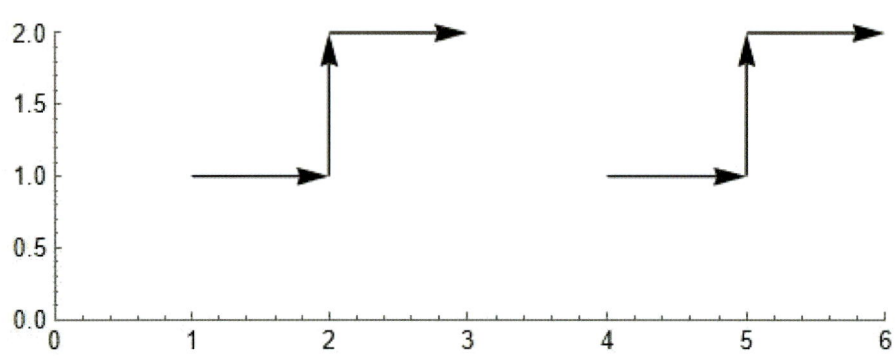

(2) 리스트의 구분을 해제하고 화살표로 잇기

```
A={{{1,1},{2,1},{2,2},{3,2}},{{4,1},{5,1},{5,2},{6,2}}};
B=Flatten[A,1];
arrow=Graphics[Table[Arrow[{{B[[k,1]],B[[k,2]]},{B[[k+1,1]],B[[k+1,2]]}}],{k,1,7}]]
;
Show[{arrow},Axes->True,PlotRange->{{0,6},{0,2}}]
```

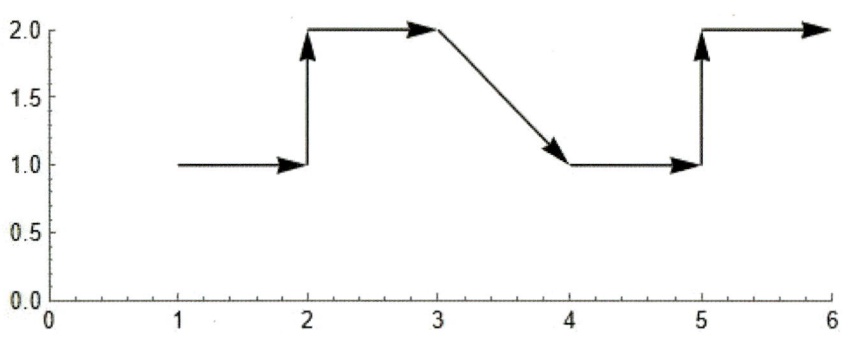

6. 텍스트(Text)의 표현

아래에서는 텍스트(Text)를 여러 가지 방법으로 표현하였는데 여러 가지 예시를 통해 텍스트의 다양한 표현 방법을 비교하면서 텍스트의 표현 방법을 익히도록 하겠다.

여기서는 $a=4$, $b=3$, $c=\dfrac{1}{3}$일 때 $(1,0)$의 위치에 개의 a, b, c 에 대한 다양한 텍스트를 Grid함수를 이용하여 아래와 같은 격자배열로 표시하였다.

text1	text2	text3	text4
text5	text6	text7	text8
text9	text10	text11	

```
a=4;
b=3;
c=1/3;
text1=Graphics[Text[Row[{a,"b",c}],{1,0}]];
text2=Graphics[Text["a"<>"b"<>"c",{1,0}]];
text3=Graphics[Text[Style[Row[{a,b,c}],Red,15],{1,0}]];
text4=Graphics[Text[(a*x^2+b*x+c)/2,{1,0}]];
text5=Graphics[Text[ToString[(a*x^2+b*x+c)/2],{1,0}]];
text6=Graphics[Text[Style[ToString[(a*x^2+b*x+c)/2],Red],{1,0}]];
text7=Graphics[Text[ToString[(a*x^2+b*x+c)/2,StandardForm],{1,0}]];
text8=Graphics[Text[Style[ToString[(a*x^2+b*x+c)/2,StandardForm],Blue,18],{1,0}]];
text9=Graphics[Text["a="<>ToString[a]<>",b="<>ToString[b],{1,0}]];
text10=Graphics[Text[Style[Row[{"a=",a,"  b=",b}],15],{1,0}]];
text11=Graphics[Text[Row[{"a="<>ToString[a]<>",b="<>ToString[b]}],{1,0}]];
Grid[{{text1,text2,text3,text4},{text5,text6,text7,text8},{text9,text10,text11}}]
```

≫≫≫

$4b\frac{1}{3}$　　　　　　　abc　　　　　　　$43\frac{1}{3}$　　　　　　　$\frac{1}{2}\left(4x^2+3x+\frac{1}{3}\right)$

$\dfrac{\frac{1}{3}+3x+4x^2}{2}$　　　$\dfrac{\frac{1}{3}+3x+4x^2}{2}$　　　$\frac{1}{2}\left(\frac{1}{3}+3x+4x^2\right)$　　　$\frac{1}{2}\left(\frac{1}{3}+3x+4x^2\right)$

a=4,b=3　　　　　a=4, b=3　　　　　a=4,b=3

<보충설명>

ToString[표현식]은 표현식을 문자열의 형태로 출력한다.

ToString[표현식,StandardForm]은 표현식을 표준형의 문자열로 출력한다.

{표현식1, 문자, 표현식2}을 문자열의 형태로 이어서 출력하고자 하면

Graphics[Text[ToString[표현식1]<>"문자"<>ToString[표현식2],위치]] 의 형태로 코딩할 수 있다.

Text[Style[문자,색,글자크기],{a,b}]는 (a,b)의 위치에 지정된 색과 지정된 크기의 문자를 출력하고 싶을 때 사용한다.

7. 함수와 변수의 축약 표현

매스매티카에서 함수와 변수를 축약해서 사용하면 편리한 경우가 많다. #, & 를 사용할 수 있는데 설명은 아래와 같다.

<함수와 변수의 축약 표현>
① # 은 일변수 함수의 변수의 역할을 한다(#1 과 같은 표현).
② #n 은 다변수 함수의 n번째 변수의 역할을 한다.
③ & 은 함수의 축약명으로 &[변수1,변수2,…,변수n]과 같이 사용한다. (변수가 1개 일때는 &[변수1]은 &@변수1 과 같은 코드.)

이제 여러 가지 예시를 통하여 축약 표현의 사용법을 익히도록 하자.

일부 내용은 이장훈, 황지원 외(2019)(기본에 충실한 Mathematica 입문, 교우사)를 참고하였다.

가. 함수의 표현

예시를 통해 여러 가지 함수에 대한 축약 표현에 대해 알아보자.

#^2&[5]	#1^#2&[3,4]
≫≫ 25 (5의 2제곱)	≫≫ 81 (3의 4제곱)
f@a	#^2&@x
≫≫ f[a]	≫≫ x^2
3*#+1&@x	#^2&@#+1&@x
≫≫ 1+3x	≫≫ $1+x^2$
3*#^2&@#-1&@-2	
≫≫ 11	
함수 $3x^2-1$ 에 $x=-2$ 를 대입한 것을 의미한다.	
#+1&@#^3&@#^2&[2]	
≫≫ 729	
함수 $\{(x+1)^3\}^2 = (x+1)^6$ 에 $x=2$ 를 대입한 것을 의미한다. 동일한 코드는 #+1&@#^3&@#^2&@2 이다.	
#1^#2&[3,2]	
≫≫ 9	
3^2을 의미한다. 동일한 코드는 #[[1]]^#[[2]]&@{3,2} 이다.	
f[x_]:=Sin[x]	f[x_,y_]:=Cos[x+2*y]
f[#2]&[1,2,3]	f[#1,#2]&[1,2,3]
≫≫	≫≫
Sin[2]	Cos[5]

나. 반복 합성함수의 계산

축약 표현은 반복 합성함수의 값을 출력하는 Nest 함수나 NestList 함수와 함께 자주 사용하기도 한다.

먼저 Nest함수와 NestList함수 사용법을 설명하면 아래와 같다.

<반복 합성함수의 계산>

① Nest[f,x,n] 는 함수 f의 n-반복합성함수에 대한 함숫값 $f^n(x)$ 을 출력한다.

② NestList[f,x,n]은 리스트 $\{x, f(x), f^2(x), \cdots, f^n(x)\}$ 을 출력한다.

아래의 다양한 예시를 살펴보도록 하자.

Nest[f,x,3] ≫≫≫ f[f[f[x]]]	f[x_]:=Sin[x] Nest[f,x,3] ≫≫≫ Sin[Sin[Sin[x]]]

NestList[f,x,4]
≫≫≫ {x, f[x], f[f[x]], f[f[f[x]]], f[f[f[f[x]]]]}

NestList[Cos,1,3]
≫≫≫ {1, Cos[1], Cos[[1]], Cos[[[1]]]}

f[x_]:=1-x;
NestList[f,x,3]
≫≫≫ {x,1-x,x,1-x}

N[NestList[Cos,1,3]]
≫≫≫ {1.,0.540302,0.857553,0.65429}

NestList[#^2&,2,6]
≫≫≫
{2,4,16,256,65536,4294967296,18446744073709551616}

<보충설명>

위의 리스트는 7개의 원소로 이뤄진

$\{2, 2^2, (2^2)^2, ((2^2)^2)^2, \cdots, 2^{64}\}$ 리스트이다.

위의 코드에서 &를 제외하면 안된다.

NestList[(1+#)^2&,x,2]
≫≫≫
$\{x, (1+x)^2, (1+(1+x)^2)^2\}$

매스매티카를 활용한 수학 물리 놀이하기 1

```
Nest[{(#[[1]]+#[[2]])/2,Sqrt[#[[1]]*#[[2]]]}&,{a,b},2]
```
≫≫≫
$$\left\{\frac{1}{2}\left(\sqrt{ab}+\frac{a+b}{2}\right), \frac{\sqrt{\sqrt{ab}\,(a+b)}}{\sqrt{2}}\right\}$$

<보충설명>

위의 코드는 $a_{n+1} = \dfrac{a_n + b_n}{2}$, $b_{n+1} = \sqrt{a_n b_n}$ 로 정의할 때, $n=2$ 에 해당된 원소를 출력한 것이다. Nest 이하 코드에서 맨 우측의 2를 n으로 바꾸면 리스트 $\{a_{n+1}, b_{n+1}\}$이 출력된다.

```
N[Nest[{(#[[1]]+#[[2]])/2,2*#[[1]]*#[[2]]/(#[[1]]+#[[2]])}&,{1,2},8],20]
```
≫≫≫
{1.4142135623730950488,1.4142135623730950488}

<보충설명>

$a_{n+1} = \dfrac{a_n + b_n}{2}$, $b_{n+1} = \dfrac{2a_n b_n}{a_n + b_n}$, $a_1, b_1 > 0$ 으로 정의할 때

수열 $\{a_n\}, \{b_n\}$은 모두 양수인 수열이며

산술평균과 조화평균 사이의 관계에서 $a_n \geq b_n$ 이다.

그리고 $a_{n+1} \leq a_n$, $b_{n+1} \geq b_n$ 이므로 $\{a_n\}$은 양수인 감소수열, $\{b_n\}$은 양수인 증가수열이므로 단조수렴정리에 의해 두 수열 $\{a_n\}, \{b_n\}$은 모두 수렴한다. 여기서 [단조수렴정리]는 "유계이면서 단조인 실수인 수열은 수렴한다"를 의미한다.

두 수열 $\{a_n\}, \{b_n\}$ 간 점화식에서 $\lim\limits_{n\to\infty} a_n = \lim\limits_{n\to\infty} b_n$ 이고 $a_n b_n = a_1 b_1$ 이므로

$\lim\limits_{n\to\infty} a_n = \lim\limits_{n\to\infty} b_n = \sqrt{a_1 b_1}$ 이다.

위에서는 $a_1 = 1$, $b_1 = 2$이므로 $\lim\limits_{n\to\infty} a_n = \lim\limits_{n\to\infty} b_n = \sqrt{2}$ 이다.

N함수는 수치(혹은 함숫값)의 소수점 아래 n번째 자리까지의 근삿값을 구하는 함수로 N[수치,n]의 형식으로 사용한다.

8. 함수의 매핑(mapping)

함수는 정의역의 한 원소를 공역의 한 원소와 짝을 이어주는 것을 말한다. 만약 함수에 정의역의 원소 여러 개가 입력된다면 공역상의 여러 개의 원소가 함께 출력이 되어야 할 것이다. 이러한 요구가 있을 때 매스매티카에서는 Map함수를 아래의 형식으로 코딩하여 사용할 수 있다.

> Map[f,expr] 은 표현식(리스트나 도형 따위)에 함수f 를 적용했을 때의 결과를 리스트의 형식으로 출력한다.

Map의 쓰임새는 예시 코드를 통해 살펴보도록 하겠다.

가. 다중 리스트에 대한 매핑

한 수를 입력하면 그 수부터 +1씩 증가하는 세 개의 항으로 이뤄진 수열을 출력하는 함수를 f 라고 하자.
함수 f의 코드는 아래와 같이 만들 수 있다.
```
f[{x_}]:={{x,x+1,x+2}}
f[{1}]
```
≫≫≫
      {{1,2,3}}

이제 두 수 a,b를 입력하면 $\{a,a+1,a+2\},\{b,b+1,b+2\}$를 출력하는 코드를 작성해보자.
우리의 의도를 만족시키지 않는 잘못된 코드를 먼저 제시하도록 하겠다.

매스매티카를 활용한 수학 물리 놀이하기 1

[잘못된 코드1] f[{x_}]:={{x,x+1,x+2}} f[{1,10}] ≫≫≫ f[{1,10}]	[잘못된 코드2] f[{x_}]:={{x,x+1,x+2}} f[{{1,10}}] ≫≫≫ {{{1,10},{2,11},{3,12}}}
[잘못된 코드3] f[{x_}]:={{x,x+1,x+2}} f[{{1},{10}}] ≫≫≫ f[{{1},{10}}]	[잘못된 코드4] f[{x_}]:={{x,x+1,x+2}} f[a_]:=Map[f,a] f[{1,10}] ≫≫≫ {1,10}
[잘못된 코드5] f[{x_}]:={{x,x+1,x+2}} f[a_]:=Map[f,a] f[{{1,10}}] ≫≫≫ {{{1,10},{2,11},{3,12}}}	

우리의 요구를 만족시키는 코드를 Map 함수를 사용하여 아래와 같이 만들 수 있다.

f[{x_}]:={{x,x+1,x+2}}
f[a_]:=Map[f,a]
f[{{1},{10}}]

≫≫≫

{{{1,2,3}},{{10,11,12}}}

이를 활용하면 유사한 원리로 a,b,c를 입력하면

$\{a,b,c\}$, $\{a+1,b+1,c+1\}$, $\{a+2,b+2,c+2\}$를 출력하는 코드를 아래와 같이 만들 수 있다.

f[{x_,y_,z_}]:={{x,y,z},{x+1,y+1,z+1},{x+2,y+2,z+2}}
f[a_]:=Map[f,a]
f[{{1,2,3},{5,6,7}}]

≫≫≫

{{{1,2,3},{2,3,4},{3,4,5}},{{5,6,7},{6,7,8},{7,8,9}}}

나. 축약표현 #,& 를 활용한 매핑

함수와 변수의 축약 표현에서 사용되는 #,& 들을 Map과 함께 사용할 수도 있다. 아래의 예시를 살펴보자.

(예시1)
Map[Sin[#]&,{1,2,3}]

≫≫≫
  {Sin[1],Sin[2],Sin[3]}

(예시2)
Map[Sin[#]&,Table[i^2,{i,1,10}]]

≫≫≫
{Sin[1],Sin[4],Sin[9],Sin[16],Sin[25],Sin[36],Sin[49],Sin[64],Sin[81],Sin[100]}

(예시3)
f[x_]:=Sin[x]
Map[f[#]&,{1,2,3}]

≫≫≫
  {Sin[1],Sin[2],Sin[3]}

(예시4)
f[x_]:=Sin[x]
Map[(f[x]/.x->#)&,{1,2,3}]

≫≫≫
  {Sin[1],Sin[2],Sin[3]}

다. 다중 도형의 매핑

점(도형)이 또 다른 점(도형)을 생성하는 함수의 결과를 출력하는 경우에도 Map을 활용할 수 있다. 두 점(도형) 이상에 대해 함수를 적용한 결과를 출력할 때도 Map을 활용할 수 있다.
예시 코드를 통해 다중 도형의 매핑에 대해 살펴보도록 하자.

(예시) 점 (a, b) 에 대해 함수 f 를 적용하면 가로 방향으로 나란하게 파란색 점, 검정색 점, 빨간색 점을 각각 $(a-1, b), (a, b), (a+1, b)$ 에 출력한다고 하자. 두 점 $(1, 1), (2, 2)$ 을 함수 f 에 적용했을 때의 결과를 출력하고자 한다. 잘못된 코드와 옳은 코드를 함께 제시하였다.

[잘못된 코드]
```
f[Point[{a_,b_}]]:={{Red,Point[{a+1,b}]},Point[{a,b}],{Blue,Point[{a-1,b}]}}
pp=f[{Point[{1,1}],Point[{2,2}]}];
Graphics[{PointSize[0.02],pp},Axes->True,PlotRange->{{-0.5,3.5},{0.5,2.5}}]
```

[옳은 코드]
```
f[Point[{a_,b_}]]:={{Red,Point[{a+1,b}]},Point[{a,b}],{Blue,Point[{a-1,b}]}}
f[j_]:=Map[f,j]
pp=f[{Point[{1,1}],Point[{2,2}]}];
Graphics[{PointSize[0.02],pp},Axes->True,PlotRange->{{-0.5,3.5},{0.5,2.5}}]
```

≫≫≫

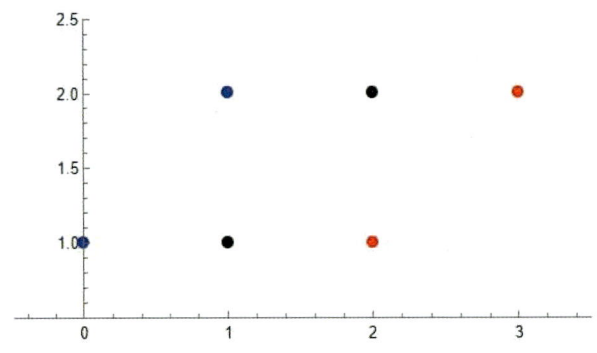

라. 매핑을 활용한 도형 그리기

Point 또한 좌표와 점 사이의 관계를 이어주는 함수이므로 Map 을 사용하여 점을 표현할 수도 있다. 아래의 예시를 보자.

(예시) 리스트에 포함된 좌표들을 활용하여 점을 생성하는 코드는 아래와 같다.
```
B={{1,2},{3,4},{4,5}}
Show[Graphics[{PointSize[0.02],Map[Point[#]&,Table[B[[i]],{i,1,3}]]},Axes->True]]
```

≫≫≫

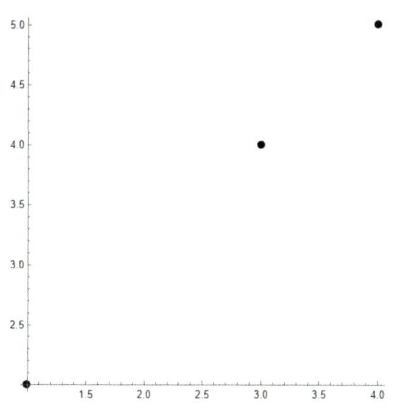

위의 코드는 Map을 이용하지 않고 아래와 같은 코드로 대체할 수 있다.
B={{1,2},{3,4},{4,5}}
Show[Graphics[{PointSize[0.02],Point[#]&[Table[B[[i]],{i,1,3}]]},Axes->True]]

만약 위의 점에 색을 입히고 싶다면 아래와 같이 코딩할 수 있다.
A={Red,Blue,Green}
B={{1,2.5},{2,3},{3,3.5}};
Show[Graphics[{PointSize[0.02],Table[{A[[i]],Point[B[[i]]]},{i,1,3}]},Axes->True]]

≫≫≫

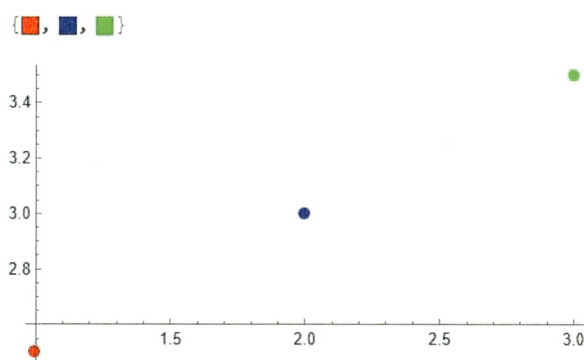

9. 무작위 생성과 무작위 선택

가. 무작위 수 생성

무작위 수를 생성하는 것은 통계로부터 유의미한 수치를 얻는 데 사용할 수 있다. RandomReal 함수와 RandomInteger함수를 아래와 같은 형식으로 사용한다.

<무작위 수 생성>
① RandomReal[1,{n}] 은 [0,1]사이 난수 n개를 리스트로 출력한다.
② RandomInteger[1,{n}] 은 [0,1]사이 무작위 정수 n개를 리스트로 출력한다.
③ RandomReal[k,{n}] 은 [0,k]사이 난수 n개를 리스트로 출력한다.
④ RandomInteger[k,{n}] 은 [0,k]사이 무작위 정수 n개를 리스트로 출력한다.
⑤ RandomReal[{a,b},{n}] 은 [a,b]사이 난수 n개를 리스트로 출력한다.
⑥ RandomInteger[{a,b},{n}] 은 [a,b]사이 무작위 정수 n개를 리스트로 출력한다.
⑦ RandomReal[1,{n,m}] 은 [0,1]사이 난수 m개씩 n쌍을 리스트로 출력한다.
⑧ RandomInteger[1,{n,m}] 은 [0,1]사이 무작위 정수 m개씩 n쌍을 리스트로 출력한다.

무작위 수의 생성과 관련한 예시를 살펴보도록 하자.

(예시1) $(0, 10)$ 에서 무작위로 1개의 수를 택하여 출력하고자 한다.

RandomReal[10]
RandomReal[10,{1}]

≫≫≫

    2.23927
    {2.23927}

(예시2) $(1, 5)$에서 무작위로 1개의 수를 택하여 출력하고자 한다.

RandomReal[1,5]

≫≫≫

    {0.971496,0.659645,0.345808,0.5159,0.928815}

(예시3) $(-1, 1)$ 에서 무작위 2개의 수를 묶어 3쌍의 리스트로 나타내고자 한다.

RandomReal[{-1,1},{3,2}]

≫≫≫

{{-0.913821,-0.0781397},{0.367039,-0.49319},{-0.684801,-0.803185}}

(예시4) (0, 1)에서 무작위 3개의 수를 묶어 4쌍의 리스트로 나타내고자 한다.
RandomReal[1,{4,3}]

≫≫≫

{{0.929469,0.362773,0.111376},{0.529108,0.648414,0.700633},{0.850732,0.413317,0.402985},{0.38005,0.45334,0.137688}}

(예시5) 1 ~ 10까지의 자연수 중 하나를 무작위로 택하여 출력하고자 한다.
RandomInteger[{1,10}]
RandomInteger[{1,10},{1}]

≫≫≫

    4
    {4}

(예시6) 1 ~ 5까지의 자연수 중 20개를 무작위로 택하여 리스트를 만들고자 한다.
RandomInteger[5,20]

≫≫≫

    {4,0,1,2,1,0,1,3,2,4,3,5,5,4,2,1,2,5,1,3}

(예시7) 0, 1의 수에서 4개씩 무작위로 택하여 3쌍의 리스트를 만들고자 한다.
RandomInteger[1,{3,4}]

≫≫≫

    {{0,1,1,0},{1,1,1,0},{1,1,0,0}}

나. 무작위 수 선택

무작위 수를 선택하는 것은 통계로부터 유의미한 수치를 얻는 데 사용할 수 있다. RandomChoice 함수와 RandomSample 함수를 아래와 같은 형식으로 사용한다.

<무작위 수 선택>
① RandomChoice[리스트,{n}] 은 리스트에서 중복 허용해서 n개를 선택하여 리스트로 출력
② RandomChoice[리스트,{n,m}] 은 리스트에서 중복 허용해서 m개씩 n쌍을 선택하여 리스트로 출력
③ RandomSample[리스트,n] 은 리스트에서 중복없이 n개를 순서대로 선택하여 리스트로 출력

RandomChoice는 중복을 허락하여 원소를 무작위로 추출하는 중복순열의 개념과 유사하고 RandomSample는 원소를 순서대로 추출하는 순열의 개념과 유사하다. 무작위 수의 생성과 관련한 예시를 살펴보도록 하자.

(예시1) 리스트 $\{a,b,c\}$ 에서 하나의 원소를 택하여 추출하고자 한다.
RandomChoice[{a,b,c}]
RandomChoice[{a,b,c},{1}]

≫≫≫
　　　c
　　　{c}

(예시2) 리스트 $\{a,b,c\}$ 에서 20개의 원소를 중복을 허락하여 리스트로 추출하고자 한다.
RandomChoice[{a,b,c},{20}]

≫≫≫
　{a,c,b,a,a,a,c,b,c,b,b,b,b,a,a,c,c,c,a,c}

(예시3) 리스트 $\{a,b,c\}$ 3개씩 중복을 허락하여 4회 추출하여 리스트로 출력하고자 한다.
RandomChoice[{a,b,c},{4,3}]

≫≫≫
{{a,a,b},{a,b,a},{c,b,a},{b,a,b}}

(예시4) 1~10까지의 자연수를 순서대로 배열하는 임의 순열을 출력하고자 한다.
RandomSample[Range[10]]

≫≫≫

{6,4,5,3,1,10,9,8,2,7}

(예시5) 1 ~ 10까지의 자연수 중 5개를 택하고 순서대로 배열하는 임의 순열을 출력하고자 한다.

RandomSample[Range[10], 5]

≫≫≫
    {6,9,8,5,4}

(예시6) 리스트 $\{a,b,c,d,e\}$의 원소를 순서대로 배열하는 임의 순열을 출력하고자 한다.

RandomSample[{a,b,c,d,e}]

≫≫≫
    {e,c,a,b,d}

(예시7) 리스트 $\{a,b,c,d,e\}$의 원소 중 3개를 택하여 순서대로 배열하는 임의 순열을 출력하고자 한다.

RandomSample[{a,b,c,d,e},3]

≫≫≫
    {d,a,c}

다. 오름차순 및 내림차순 배열

무작위 수를 생성하거나 선택하였을 때 리스트의 원소를 분석하기 위해서는 리스트의 원소를 오름차순 혹은 내림차순 배열하는 것이 필요할 수도 있다. 오름차순과 내림차순 배열의 함수 사용법은 아래와 같다.

<오름차순 배열과 내림차순 배열>
① Sort[리스트] 리스트를 정규오름차순으로 배열한다.
② NumericalSort[리스트] 리스트를 수치오름차순으로 배열한다.
③ Reverse[Sort[리스트]] 리스트를 정규내림차순으로 배열한다.
④ Reverse[NumericalSort[리스트]] 리스트를 수치내림차순으로 배열한다.

오름차순과 내림차순 배열에 대해 예시를 통해 살펴보자.

(예시1) 1부터 10까지 자연수 중 5개를 택하여 임의 배열한 후 정규 오름차순 배열하고자 한다.

Sort[RandomSample[Range[10],5]]

>>>
    {1,2,4,5,9}

(예시2) 리스트 $\{a,b,c,d,e\}$ 에서 3개를 택하여 임의 배열한 후 정규 오름차순 배열하고자 한다.
Sort[RandomSample[{a,b,c,d,e},3]]

>>>
    {b,c,d}

(예시3) 리스트 $\{2e, \pi, e, \pi^2, 1, 2, 4, 20\}$ 를 정규오름차순으로 배열하고자 한다.
Sort[{2*E,Pi,E,Pi^2,1,2,4,20}]

>>>
    $\{1, 2, 4, 20, e, 2e, \pi, \pi^2\}$

<보충설명>

정규오름차순은 수치오름차순과 다를 수도 있음에 유의하자.

수치오름차순배열은 아래의 방법으로 코딩할 수 있다.

NumericalSort[{2*E,Pi,E,Pi^2,1,2,4,20}]

>>>
    $\{1, 2, e, \pi, 4, 2e, \pi^2, 20\}$

(예시4) 리스트 $\{a,b,c,d,e\}$ 에서 3개를 택하여 임의 배열한 후 정규 내림차순 배열하고자 한다.
Reverse[Sort[RandomSample[{a,b,c,d,e},3]]]

>>>
    {e,c,a}

라. 순열과 조합

순열과 조합은 Permutations과 Subsets함수를 각각 사용해서 나타낼 수 있다. 사용방법은 아래와 같다.

<순열과 조합>
① Permutations[리스트]는 리스트의 원소로 만들 수 있는 모든 순열을 리스트로 출력한다.
② Permutations[리스트,{n}]는 리스트의 원소 중 n개를 추출하여 만들 수 있는 모든 순열을 리스트로 출력한다.
③ Subsets[리스트]는 리스트의 원소로 만들 수 있는 모든 조합을 리스트로 출력한다.
④ Subsets[리스트,{n}]는 리스트의 원소 중 n개를 추출하여 만들 수 있는 모든 조합을 리스트로 출력한다.

이제 예시를 통해 순열과 조합을 나타낼 수 있는 두 함수의 사용방법을 익혀보도록 하자.

(예시1) 리스트 {1, 2, 3}에 대한 모든 순열을 나타내보자.
Permutations[{1,2,3}]
≫≫≫
  {{1,2,3},{1,3,2},{2,1,3},{2,3,1},{3,1,2},{3,2,1}}

(예시2) 리스트 {1, 2, 3, 4}에서 3개의 원소를 택하여 만들 수 있는 모든 순열을 출력해보자.
Permutations[{1,2,3,4},{3}]
≫≫≫
{{1,2,3},{1,2,4},{1,3,2},{1,3,4},{1,4,2},{1,4,3},{2,1,3},{2,1,4},{2,3,1},{2,3,4},{2,4,1},{2,4,3},{3,1,2},{3,1,4},{3,2,1},{3,2,4},{3,4,1},{3,4,2},{4,1,2},{4,1,3},{4,2,1},{4,2,3},{4,3,1},{4,3,2}}

(예시3) 리스트 {1, 2, 3, 4}에서 2개의 원소를 택하여 만들 수 있는 모든 조합을 출력해보자.
Subsets[{1,2,3,4},{2}]
≫≫≫
  {{1,2},{1,3},{1,4},{2,3},{2,4},{3,4}}

마. 중복순열

집합 A의 원소가 k개일 때, 집합 A의 원소를 임의로 n개 추출하는 사건이 일어나는 경우의 수 (중복순열 개념)를 나타내고 싶을 때는 아래와 같이 코딩을 할 수 있다. Flatten은 중괄호를 삭제하여 같은 레벨의 원소로 묶기 위한 것이다.

```
A={a1,a2,…,ak}
X=Table[{A[[i1]],A[[i2]],…,A[[in]]},{i1,1,k},{i2,1,k},…,{in,1,k}]
Y=Flatten[X,n-1]
```

(예시) $\{1, 2, 3, 4\}$에서 2개의 수를 중복 선택하여 만들 수 있는 두 자리 자연수의 개수를 구하기 위한 중복순열의 경우를 모두 나열하고자 한다.

```
A={1,2,3,4};
B=Table[{A[[i]],A[[j]]},{i,1,4},{j,1,4}]
Flatten[B,1]
```

≫≫≫

{{{1, 1}, {1, 2}, {1, 3}, {1, 4}}, {{2, 1}, {2, 2}, {2, 3}, {2, 4}},
{{3, 1}, {3, 2}, {3, 3}, {3, 4}}, {{4, 1}, {4, 2}, {4, 3}, {4, 4}}}

{{1, 1}, {1, 2}, {1, 3}, {1, 4}, {2, 1}, {2, 2}, {2, 3},
{2, 4}, {3, 1}, {3, 2}, {3, 3}, {3, 4}, {4, 1}, {4, 2}, {4, 3}, {4, 4}}

10. 조건 부여하기

입력된 수치의 조건에 따라 다른 값을 출력하게 정의하는 함수는 If 혹은 Piecewise 함수를 사용하여 제작할 수 있다. 하지만 {/;}를 활용하여 조건을 부여하여 함수를 정의할 수도 있다. {/;}는 함수를 정의하거나 리스트의 원소 중 조건을 만족하는 원소의 개수를 셀 때 자주 사용된다.

가. 조건 함수 정의하기

입력된 값에 따라 다르게 출력하는 함수를 정의할 수 있다. 예시를 통해 살펴보도록 하자.

(예시1) 함수 $f(x)$는 $x>0$이면 $ppp(x)$를 출력하도록 정의하는 코드는 아래와 같다.

```
f[x_]:=ppp[x]/;x>0
f[5]
f[-6]
```

≫≫≫

```
ppp[5]
f[-6]
```

<보충설명>

$x \leq 0$이면 $f(x)$는 $f(x)$를 그대로 출력한다.

(예시2) 함수 $f(x)$는 $x>1$이면 $(x-1)^2$를 출력하도록 정의하는 코드는 아래와 같다.

```
f[x_]:=Module[{u},u^2/;((u=x-1)>0)]
f[6]
f[0]
```

≫≫≫

```
25
f[0]
```

(예시3) 리스트 $A=\{1,2,3,4,5\}$일 때, 함수 $p(x)$는 A의 x번째 원소가 2를 초과하면 1을 출력하고, A의 x번째 원소가 2이하이면 0을 출력한다고 하자. 코드는 아래와 같다.

```
A={1,2,3,4,5};
p[i_]:=1/;A[[i]]>2
p[i_]:=0/;A[[i]]<=2
p[3]
p[1]
```

≫≫≫
1
0

나. 조건 원소 세기

리스트가 주어져 있을 때, 리스트에서 조건을 만족하는 원소의 개수를 세는 것은 유의미한 통계를 내려고 할 때 중요한 부분이다.

주어진 리스트에서 원소의 개수를 출력하기 위해서 Count 함수를 Count[리스트,패턴]의 형식으로 사용한다. 예시를 통해 Count함수의 사용법을 익혀보자.

(예1) 리스트 $\{a,b,a,a,b,c,b\}$에서 b의 개수를 구하고자 한다.
Count[{a,b,a,a,b,c,b},_u/;u=b]

≫≫≫
3

> <보충설명>
> 동일한 결과를 출력하는 코드는 다음과 같다.
> Count[{a,b,a,a,b,c,b},b]

(예2) 리스트 $\{a,2,a,a,1,c,b,3,3\}$에서 정수의 개수를 구하고자 한다.
Count[{a,2,a,a,1,c,b,3,3},_Integer]
≫≫≫
4

(예3) $[0,1]$사이의 난수를 100개를 랜덤추출하여 0.5를 초과하는 수의 개수를 구하고자 한다.
Count[RandomReal[1,{100}],u_/;u>0.5]
≫≫≫
40

(예4) 리스트 $\{1,3,5,7,9,11,13,15\}$에서 5의 배수의 개수를 구하고자 한다.
Count[{1,3,5,7,9,11,13,15},u_/;Mod[u,5]==0]
≫≫≫
2

(예5) 점의 쌍에 대한 리스트 $\{\{1,2\},\{2,3\},\{1,5\}\}$에서 x좌표가 1인 점의 개수를 구하고자 한다.

Count[{{1,2},{2,3},{1,5}},{u_,_}/;u==1]

≫≫≫
   2

(예6) 리스트 $\{\{1,2,3,5\},\{2,3,4,5\},\{1,5,3,6\},\{1,4,6,3\},\{3,4,1,9\}\}$에서 1번째 성분이 1인 부분 리스트의 개수를 구하고자 한다.

Count[{{1,2,3,5},{2,3,4,5},{1,5,3,6},{1,4,6,3},{3,4,1,9}},A_/;A[[1]]==1]

≫≫≫
   3

(예7) 리스트 $\{\{1,2,3,5\},\{2,3,4,5\},\{1,5,3,6\},\{1,4,6,3\},\{1,3,5,6\},\{3,4,1,9\}\}$에서 1번째 성분이 1이고 4번째 성분이 6인 부분 리스트의 개수를 구하고자 한다.

Count[{{1,2,3,5},{2,3,4,5},{1,5,3,6},{1,4,6,3},{1,3,5,6},{3,4,1,9}},
A_/;A[[1]]==1&&A[[4]]==6]

≫≫≫
   2

(예8) 리스트 A가 $A=\{1,1,2,3,4,5,5\}$일 때, A의 원소의 개수를 구하고자 한다.

Count[A,x_/;x==x]

≫≫≫
   7

<보충설명>

동일한 결과를 출력하는 코드는 Length[A] 이다.

※ 리스트 내 원소의 위치를 표시하는 Position함수도 세기조건함수 Count와 함께 쓰이는 경우가 많으니 참고하도록 하자.

Position[{a,b,a,a,b,c,b},b]

≫≫≫
   {{2},{5},{7}}

〈참고: 미분 및 적분 공식〉

1. 역쌍곡함수의 정의

(1) $\sinh^{-1}x = \ln\|x+\sqrt{x^2+1}\|$	
(2) $\cosh^{-1}x = \ln\|x+\sqrt{x^2-1}\|$ $(x \geq 1)$	
(3) $\tanh^{-1}x = \dfrac{1}{2}\ln\left\|\dfrac{1+x}{1-x}\right\|$	

2. 역삼각함수와 역쌍곡함수의 미분공식

(1) $(\sin^{-1}x)' = \dfrac{1}{\sqrt{1-x^2}}$	(2) $(\cos^{-1}x)' = \dfrac{-1}{\sqrt{1-x^2}}$
(3) $(\tan^{-1}x)' = \dfrac{1}{1+x^2}$	(4) $(\sec^{-1}x)' = \dfrac{1}{x\sqrt{x^2-1}}$
(5) $(\csc^{-1}x)' = \dfrac{-1}{x\sqrt{x^2-1}}$	(6) $(\sinh^{-1}x)' = \dfrac{1}{\sqrt{1+x^2}}$
(7) $(\cosh^{-1}x)' = \dfrac{1}{\sqrt{x^2-1}}$	(8) $(\tanh^{-1}x)' = \dfrac{1}{1-x^2}$ $= \dfrac{1}{2}\left\{\dfrac{1}{1-x} + \dfrac{1}{1+x}\right\}$

3. 여러 가지 함수의 적분테이블

(1) $\int \dfrac{dx}{x^2+k^2} = \dfrac{1}{k}\tan^{-1}\dfrac{x}{k}$	(2) $\int \dfrac{dx}{\sqrt{k^2-x^2}} = \sin^{-1}\dfrac{x}{k}$
(3) $\int \dfrac{dx}{\sqrt{x^2+A}} = \ln|x+\sqrt{x^2+A}|$	(4) $\int \dfrac{dx}{x\sqrt{x^2-k^2}} = \dfrac{1}{k}\sec^{-1}\dfrac{x}{k}$ $\phantom{(4)\int \dfrac{dx}{x\sqrt{x^2-k^2}}} = \dfrac{1}{k}\tan^{-1}\sqrt{\dfrac{x^2}{k^2}-1}$
(5) $\int \dfrac{dx}{\sqrt{x^2-k^2}} = \cosh^{-1}\dfrac{x}{k}$	(6) $\int \dfrac{dx}{k^2-x^2} = \dfrac{1}{k}\tanh^{-1}\dfrac{x}{k}$ $\phantom{(6)\int \dfrac{dx}{k^2-x^2}} = \dfrac{1}{2k}\ln\left|\dfrac{k+x}{k-x}\right|$
(7) $\int \sec x\, dx = \ln|\sec x + \tan x|$ $ = \dfrac{1}{2}\ln\left|\dfrac{1+\sin x}{1-\sin x}\right| = \tanh^{-1}(\sin x)$ $ = \ln\left|\dfrac{1+\tan\frac{x}{2}}{1-\tan\frac{x}{2}}\right| = 2\tanh^{-1}\left(\tan\dfrac{x}{2}\right)$ $ = \ln\left|\tan\left(\dfrac{x}{2}+\dfrac{\pi}{2}\right)\right|$	(8) $\int \csc x\, dx = \ln|\csc x - \cot x|$ $ = \dfrac{1}{2}\ln\left|\dfrac{1-\cos x}{1+\cos x}\right|$ $ = \ln\left|\tan\left(\dfrac{x}{2}\right)\right|$

(9) $\int \dfrac{dx}{a+b\cos x} = \int \dfrac{2\,dt}{a+b+(a-b)t^2}$ $(a, b > 0)$

$\tan\dfrac{x}{2}=t,\ \cos x=\dfrac{1-t^2}{1+t^2},\ \sin x=\dfrac{2t}{1+t^2},\ dx=2\dfrac{dt}{1+t^2}$ 이므로

(가) $a>b$	(나) $a<b$
$\dfrac{2}{\sqrt{a^2-b^2}}\tan^{-1}\left(\dfrac{a-b}{a+b}\tan\dfrac{x}{2}\right)$	$\dfrac{1}{\sqrt{b^2-a^2}}\ln\left(\dfrac{\sqrt{b+a}+\sqrt{b-a}\tan\dfrac{x}{2}}{\sqrt{b+a}-\sqrt{b-a}\tan\dfrac{x}{2}}\right)$

〈참고자료 및 문헌〉

이장훈(2012)(Mathematica GuideBook,교우사)

이장훈, 황지원 외(2019)(기본에 충실한 Mathematica 입문, 교우사)

박종안 외(2007)(이산수학,경문사)

Peitgen 외(1991)(Fractals for the Classroom, 신인선 외 옮김,경문사)

김원경 외(2022)(고등학교 확률과 통계(4쇄),비상)

이상구 외(1998)(선형대수학과 응용, 경문사)

이상구 외(2020)(인공지능을 위한 기초수학 입문,경문사)

김용태(1999)(미분방정식 원론, 교우사)

윤경원(2013)(페르마점을 활용한 수학-과학 통합수업에서 학생들의 수학적 사고,한국교원대학교 대학원 석사학위논문)

오언정(2006)(보간다항식과 Bernstein 다항식의 비교,인제대학교 교육대학원 석사학위논문)

Adam E.Parker(2022)(Runge-Kutta4(and other numerical methods for ODE's))

Jerry B. Marion, Stephen T.Thornton(1995)(CLASSICAL DYNAMICS OF PARTICLES AND SYSTEMS(4th), Saunders College Publishing)

William E.Boyce, Richard C.DiPrima(2001)(Elementary Differential Equations and Boundary Value Problems(7th),John Wiley&Sons,Inc)

J.Oprea(2003)(Geodesics on a Cone)

M. Himmelstrand, Victor Wilen(2013)(A Survey of Dynamical Billiards)

손상호(2022)(두 개의 수레바퀴 기초편, 이엔엠)

https://ko.wikipedia.org/wiki/포락선

https://ko.wikipedia.org/wiki/푸리에_변환

https://ko.wikipedia.org/wiki/오일러-라그랑주_방정식

https://en.wikipedia.org/wiki/Gamma_function

〈Wolfram Demonstrations Project 코드 참고〉

Stephen Wilkerson

"An Oscillating Pendulum"

http://demonstrations.wolfram.com/AnOscillatingPendulum/

Wolfram Demonstrations Project

(Published: March 7 2011)

Julia Cai and Melinda Coleman

"Effect of Gravity on a Simple Pendulum"

http://demonstrations.wolfram.com/EffectOfGravityOnASimplePendulum/

Wolfram Demonstrations Project

(Published: January 24 2017)

Chihiro Ito and Reiho Sakamoto

"Double-Spring Pendulum"

http://demonstrations.wolfram.com/DoubleSpringPendulum/

Wolfram Demonstrations Project

(Published: August 20 2019)

Fredericka Brown and Sara McCaslin

"Linear Collisions of Two Disks"

http://demonstrations.wolfram.com/LinearCollisionsOfTwoDisks/

Wolfram Demonstrations Project

(Published: March 7 2011)